BestMasters

Mit „**BestMasters**" zeichnet Springer die besten Masterarbeiten aus, die an renommierten Hochschulen in Deutschland, Österreich und der Schweiz entstanden sind. Die mit Höchstnote ausgezeichneten Arbeiten wurden durch Gutachter zur Veröffentlichung empfohlen und behandeln aktuelle Themen aus unterschiedlichen Fachgebieten der Naturwissenschaften, Psychologie, Technik und Wirtschaftswissenschaften. Die Reihe wendet sich an Praktiker und Wissenschaftler gleichermaßen und soll insbesondere auch Nachwuchswissenschaftlern Orientierung geben.

Springer awards "**BestMasters**" to the best master's theses which have been completed at renowned Universities in Germany, Austria, and Switzerland. The studies received highest marks and were recommended for publication by supervisors. They address current issues from various fields of research in natural sciences, psychology, technology, and economics. The series addresses practitioners as well as scientists and, in particular, offers guidance for early stage researchers.

Nina Geiger

Charakterisierung des Wirkmechanismus von Selektiven Serotonin-Wiederaufnahme-Inhibitoren (SSRI) bei Infektion mit SARS-CoV-2

 Springer Spektrum

Nina Geiger
Würzburg, Deutschland

Beim vorliegenden Text handelt es sich um einen Abdruck einer an der Julius-Maximilians-Universität im Jahr 2022 eingereichten Master-Thesis mit dem Titel „Charakterisierung des Wirkmechanismus von Selektiven Serotonin-Wiederaufnahme-Inhibitoren (SSRI) bei Infektion mit SARS-CoV-2". Die Master-Thesis wurde an der Fakultät für Chemie und Pharmazie (Studiengang: Biochemie) eingereicht und am Institut für Virologie und Immunbiologie der Universität Würzburg erstellt.

ISSN 2625-3577   ISSN 2625-3615   (electronic)
BestMasters
ISBN 978-3-658-43070-2   ISBN 978-3-658-43071-9   (eBook)
https://doi.org/10.1007/978-3-658-43071-9

Die Deutsche Nationalbibliothek verzeichnet diese Publikation in der Deutschen Nationalbibliografie; detaillierte bibliografische Daten sind im Internet über http://dnb.d-nb.de abrufbar.

Planung/Lektorat: Marija Kojic
Springer Spektrum ist ein Imprint der eingetragenen Gesellschaft Springer Fachmedien Wiesbaden GmbH und ist ein Teil von Springer Nature.
Die Anschrift der Gesellschaft ist: Abraham-Lincoln-Str. 46, 65189 Wiesbaden, Germany

Das Papier dieses Produkts ist recyclebar.

Vorwort

Die vorliegende Arbeit stellt zugleich die überarbeitete Version der 2022 an der Julius-Maximilians-Universität Würzburg (Deutschland) angenommenen Masterthesis mit dem Titel „Charakterisierung des Wirkmechanismus von Selektiven Serotonin-Wiederaufnahme-Inhibitoren (SSRI) bei Infektion mit SARS-CoV-2" im Fach Biochemie dar. Die Arbeit wurde in der von Prof. Dr. Jochen Bodem vom Institut für Virologie und Immunbiologie der Universität Würzburg geleiteten Arbeitsgruppe im Zeitraum von Juni bis Dezember 2022 angefertigt.

Wie jedes wissenschaftliche Projekt verdankt auch die vorliegende Arbeit ihre Form einer Vielzahl an Anregungen und Gesprächen mit der Scientific Community. An dieser Stelle möchte ich mich herzlich bei all jenen bedanken, die mich während meiner Masterarbeit auf unterschiedlichste Weise unterstützt und so zu ihrem Gelingen beigetragen haben. Meinen größten Dank verdient Prof. Dr. Jochen Bodem. Er hat mich während meiner Forschungsarbeiten in den letzten 2 ½ Jahren in seinem Labor nicht nur hervorragend betreut, sondern auch meine Leidenschaft an der wissenschaftlichen Forschung geweckt. All meine Ideen und Vorschläge fanden stets ein offenes Ohr. Das außerordentlich hohe Vertrauen, das Du mir bereits als Bachelorstudentin entgegengebracht hast, verdienen den allerhöchsten Respekt und sind keineswegs selbstverständlich. Ein besonderer Dank gilt zudem Prof. Dr. Markus Sauer (Zweitgutachter der Masterthesis) mit dessen Arbeitsgruppe ich an verschiedenen Projekten zusammenarbeiten durfte. Danken möchte ich hier explizit Linda Stelz, Dr. Jan Schlegel (beide Arbeitsgruppe Prof. Dr. Sauer) und Louise Kersting (Prof. Dr. Jürgen Seibel). Ebenso möchte ich mich bei Prof. Dr. Jürgen Seibel und Prof. Dr. Christian Stigloher für das angenehme Arbeiten am AKS-466-Projekt bedanken. Ich bedanke mich bei Novartis Germany GmbH und Bayer Vital GmbH für die finanzielle Unterstützung meiner Forschung.

Dieses Buch wäre ohne die Unterstützung vieler Menschen auch im Privaten nicht möglich gewesen. Ganz besonderes Danken möchte ich meinem Freund Leon Richter für seine Unterstützung sowie seinen emotionalen Rückhalt, seine Geduld und seine Liebe. Abschließend möchte ich mich bei meinen Eltern Wendelin und Sabine Geiger und meiner Schwester Maren Geiger bedanken. Ohne eure Unterstützung, euren Zuspruch und eure Liebe wäre diese Arbeit und mein Studium nicht möglich gewesen.

Würzburg   Nina Geiger
August 2023

Zusammenfassung

Die vorliegende Arbeit ist in drei Teile untergliedert, die sich mit der Charakterisierung der sauren Ceramidase als neuem Wirtsfaktor, dem Eintritt von SARS-CoV-2 in das Gehirn über die Blut-Hirn-Schranke, sowie mit der Rolle von ACE2 beim Viruseintritt und der antiviralen Therapie befassen. Darüber hinaus werden Daten zur direkten Membranmarkierung von SARS-CoV-2, Gelbfiebervirus, Influenza A-Virus, HIV-1 und murinem CMV dargestellt.

Die neu auftretenden Delta- oder Omikron-Varianten von SARS-CoV-2 beschleunigen durch ihre höheren Übertragungsraten immer noch die globale COVID-19-Pandemie. Daher werden dringend neue therapeutische Strategien benötigt. Durch Fluoxetin wird wie bereits berichtet wurde, die sauren Sphingomyelinase (ASM) gehemmt, welche den Viruseintritt supprimiert. Hier beschreiben wir die saure Ceramidase als weiteres Wirkungsziel von Fluoxetin. Um diese Effekte zu untersuchen, wurde ein ASM-unabhängiges Fluoxetin-Derivat, AKS-466, synthetisiert. Hochauflösende SARS CoV-2 RNA-FISH und RT-qPCR Analysen zeigten, dass AKS-466 die virale Genexpression um mehr als eine Größenordnung herunterreguliert. Es wurde gezeigt, dass SARS-CoV-2 den lysosomalen pH-Wert durch das virale Protein ORF3a deazidifiert. Eine Behandlung mit AKS-466 oder Fluoxetin senkt jedoch den lysosomalen pH-Wert. Die durchgeführten biochemischen Analysen deuten darauf hin, dass AKS-466 in den endolysosomalen Replikationskompartimenten infizierter Zellen lokalisiert ist, und eine Anreicherung viraler genomischer RNAs in diesen Kompartimenten erfolgt.

Sowohl Fluoxetin, als auch AKS-466 hemmen die saure Ceramidase-Aktivität, verursachen einen Anstieg der endolysosomalen Ceramide und supprimieren dadurch die virale Replikation. Darüber hinaus reduziert Ceranib-2, ein spezifischer saurer Ceramidase Inhibitor, die Replikation von SARS-CoV-2, und durch die exogene Zufuhr von C6-Ceramid wird die virale Replikation ebenfalls inhibiert. Diese Ergebnisse unterstützen die Hypothese, dass die saure Ceramidase ein SARS-CoV-2 Wirtsfaktor ist.

Veröffentlichte Studien deuten darauf hin, dass hohe Konzentrationen von Aspirin (Acetylsalicylsäure – ASA) eine antivirale Wirkung gegen Rhinoviren und Influenzaviren zeigen. Aus diesem Anlass wurde untersucht, ob ASA und sein Metabolit Salicylsäure (SA), von denen bekannt ist, dass sie NF-κB unterdrücken, SARS-CoV-2 hemmen, weil SARS-CoV-2 möglicherweise ähnliche Signalwege wie Influenzaviren nutzt. Es wurde nachgewiesen, dass beide Verbindungen die Replikation von SARS-CoV-2 in Zellkulturzellen und in einem patienten-nahen, präzisions-geschnittenen Lungenschnitt-Infektionssystem um zwei Größenordnungen unterdrücken. Während die Verbindungen den viralen Eintritt nicht beeinflussten, führten sie nach 24 h zu einer geringeren viralen RNA-Expression, was darauf hindeutet, dass die Verbindungen Replikationsschritte nach dem viralen Eintritt hemmen. Sowohl meine Ergebnisse zu den NF-κB Inhibitoren als auch zur Hemmung der sauren Ceramidase deuten darauf hin, dass die Akt-Kinase eine wesentliche Rolle bei der Replikation von SARS-CoV-2 spielen könnte.

Um die Pathologie von SARS-CoV-2 zu verstehen, wurde der Eintrittsweg des Virus in das Gehirn analysiert, da in einer Vielzahl von COVID-19-Todesfällen, Infektionen der cerebralen Strukturen nachgewiesen wurden. Wir zeigen, dass SARS-CoV-2 die Blut-Hirn-Schranke durch transzellulären Transport übertritt. Im Gegensatz zu anderen Viren, wie HIV-1, überwindet SARS-CoV-2 die Blut-Hirn-Schranke ohne Beteiligung von T-Zellen oder Makrophagen. Diese direkte Aufnahme könnte zu neuen Behandlungsmöglichkeiten führen.

SARS-CoV-2 gelangt über zwei verschiedene Wege in die Zellen. In Zellen, die große Mengen an TMPRSS2-Protease exprimieren, wird das S-Protein vor dem Eintritt gespalten, was zur Fusion des Virus mit der Plasmamembran führt. Ferner gelangt das Virus durch rezeptor-vermittelte Endozytose in die Zellen. Aufgrund dieser Erkenntnisse wurde die Abhängigkeit der viralen Infektiosität in Korrelation mit der ACE2-Expression auf der zytoplasmatischen Membran ermittelt. Es wurde eine Korrelation zwischen der ACE2-Expression und der Infektiosität von SARS-CoV-2 deutlich, woraus resultiert, dass die ACE2-Konzentration eine kritische Determinante für den Eintritt des Virus ist. Ebenso wurde der Einbau eines lipophilen Fluoreszenzfarbstoffs in die Virusmembran etabliert. Dadurch ist die direkte Markierung verschiedener Viren trotz ihrer unterschiedlicher Membranzusammensetzung möglich. Mit superauflösender Mikroskopie (SIM) wurde der virale Eintritt von SARS-CoV-2, Gelbfieber,

Influenza A, HIV-1 und murinem CMV visualisiert und gezeigt, dass diese Färbung für verschiedene umhüllte Viren einsetzbar ist. Darüber hinaus wurden mit „Lattice Lightsheet" Mikroskopie die ersten 3D-Daten über den Eintritt von murinem CMV aufgenommen. Diese Technologie könnte eine Analyse des viralen Eintrittsprozesses, einschließlich der Rezeptorbindung, ermöglichen, wodurch die Entwicklung neuer antiviraler Medikamente beschleunigt und die Aufnahmekinetik beschrieben werden kann.

Abstract

This thesis is structured into three parts, which address the characterization of the acid ceramidase as a new host factor and the entry of SARS-CoV-2 into the brain by crossing the blood-brain barrier. Also, I investigate the role of ACE2 during viral entry and antiviral therapy. Furthermore, I present data on the direct membrane labelling of SARS-CoV-2, yellow fever virus, influenza A virus, HIV-1 and murine CMV.

With higher transmission rates, emerging delta or omicron SARS-CoV-2 variants still accelerate the global coronavirus disease (COVID-19) pandemic. Therefore, novel therapeutic strategies are needed. The inhibition of acid sphingomyelinase, which interferes with viral entry, by fluoxetine has been reported previously. Here, we describe the acid ceramidase as an additional target of fluoxetine. To investigate these effects, we synthesized an ASM-independent fluoxetine derivative, AKS-466. High-resolution SARS-CoV-2 RNA-FISH and RT-qPCR analyses demonstrated that AKS-466 downregulates viral gene expression by more than one order of magnitude. It has been shown that SARS-CoV-2 deacidifies the lysosomal pH using the ORF3a protein. However, treatment with AKS-466 or fluoxetine reduces the lysosomal pH. My biochemical analyses indicate that AKS-466 localizes to the endolysosomal replication compartments of infected cells and demonstrates the enrichment of viral genomic RNAs in these compartments.

Both fluoxetine and AKS-466 inhibit the acid ceramidase activity, cause endolysosomal ceramide elevation, and interfere with viral replication. Furthermore, Ceranib-2, a specific acid ceramidase inhibitor, reduces SARS-CoV-2 replication and, most importantly, the exogenous supplementation of C6-ceramide interferes with viral replication. These results support the hypothesis that the acid ceramidase is a SARS-CoV-2 host factor.

Recent reports indicated that high concentrations of aspirin (acetylsalicylic acid – ASA) show antiviral activity against rhinoviruses and influenza viruses. We sought to investigate whether ASA and its metabolite salicylic acid (SA), which are known to suppress NF-κB, inhibit SARS-CoV-2 because it might use pathways similar to those of influenza viruses. I show that both compounds suppressed SARS-CoV-2 replication in cell culture cells and a patient-near human precision-cut lung slices infection system by two orders of magnitude. While the compounds did not interfere with the entry of the virus, it led to lower viral RNA expression after 24 h, indicating that the compounds inhibited post-entry pathways. Both my results on NF-κB inhibitors and on the inhibition of acid ceramidase indicate that the Akt-kinase might play an essential role in SARS-CoV-2 replication.

To understand the SARS-CoV-2 pathology, the viral entry pathway into the brain was analyzed, because in a high number of fatal cases, infections of the brain were found. We show that SARS-CoV-2 crosses the blood-brain barrier via transcellular transport. In contrast to other viruses, such as HIV-1, SARS-CoV-2 crosses the blood-brain barrier without the involvement of T cells or macrophages. This direct uptake might lead to new treatment opportunities. SARS-CoV-2 enters the cells via two distinct pathways. In cells expressing high amounts of TMPRSS2 protease, the S protein is activated before entry resulting in viral entry into the plasma membrane. Otherwise, the virus enters the cells by receptor-mediated endocytosis. Here, I analyze the dependence of viral infectivity on the amount of ACE2 expression on the cytoplasmic membrane. I show a correlation between ACE2 expression and infectibility by SARS-CoV-2, indicating that the ACE2 concentration is a critical determinant of viral entry. I show the incorporation of a lipophilic fluorescence dye useful for the direct labelling of different viruses despite their composition of the membranes. Using structured illumination microscopy (SIM), we visualized viral entry of SARS-CoV-2, yellow fever, influenza A, HIV-1, and murine CMV, showing that this staining can be used for distinct enveloped viruses. Furthermore, the first 3D data on the entry of murine CMV were obtained using Lattice Lightsheet microscopy. This technology might allow an analysis of the viral entry process, including receptor binding, developing new antivirals and uptake kinetics.

Inhaltsverzeichnis

Abkürzungsverzeichnis

3CL^{Pro}	3-Chymotrypsin-ähnliche Protease
AC	saure Ceramidase ("acid ceramidase")
ACE2	Angiotensin-konvertierendes Enzym 2
Akt	Proteinkinase B; Serin/Threonin-Kinase
ASA	Acetylsalicylsäure
ASM	saure Sphingomyelinase ("acid sphingomyelinase")
B.1.1.7	Alpha-Variante des SARS-CoV-2
B.1.1.529	Omikron-Variante des SARS-CoV-2 (BA.1 – BA.5)
B.1.617.2	Delta-Variante des SARS-CoV-2
BNT162b2	mRNA-COVID-19-Impfstoff; entwickelt von BioNTech
COVID-19	Erkrankung ausgelöst durch SARS-CoV-2
CuAAC	kupfer-katalysierte Azid-Alkin-Cycloaddition
DAA	direkt antiviral wirkende Medikamente ("direct acting antivirals")
DAPI	4′,6-Diamidin-2-phenylindol
DMEM	"Dulbecco's Modified Eagle's Media"
DMSO	Dimethylsulfoxid
DMV	Doppelmembranöser Vesikel
DNA	Desoxyribonukleinsäure ("desoxyribonucleic acid")
DOPE	1,2-Dioleoyl-sn-glycero-3-phospho-ethanolamine
dsRNA	doppelsträngige RNA
EC$_{50}$	mittlere effektive Wirkkonzentration
ER	Endoplasmatisches Retikulum
ERGIC	ER-Golgi-Intermediat-Kompartiment
FCS	Fötales Kälberserum
FISH	Fluoreszenz *in situ* Hybridisierung

GAPDH	Glycerinaldehyd-3-phosphat-Dehydrogenase
GFP	Grün fluoreszierendes Protein
(h)PCLS	(humane) Präzisionsschnitte der Lunge ("Precision-Cut Lung Slices")
h-slam	humane Signal-Lymphozyten-Aktivierungsmolekül
hbFGF	Fibroblasten-Wachstumsfaktor ("human basic fibroblast growth factor")
HBV	Hepatitis B-Virus
HCV	Hepatitis C-Virus
hiPSC	humane induzierte pluripotente Stammzelle ("human induced pluripotent stem cell")
hiPSC-BCEC	hiPSC-basierte Blut-Hirn-Schranken-Endothelzellen
HIV-1	Humanes Immundefizienzvirus 1
HSV-2	Herpes Simplex Virus Typ 2
HTLV-1	Humanes T-lymphotropes Virus 1
IC_{50}	Mittlere inhibitorische Konzentration
kb	Kilobasenpaare
LTR	Repetitive DNA-Sequenzen am 5'- oder 3'-Ende der Proviren-Nukleinsäure ("Long Terminal Repeats")
mCMV	Murines Cytomegalovirus
MERS-CoV	"Middle East Respiratory Syndrome Coronavirus"
MOI	Infektionsmultiplizität ("multiplicity of infection")
M^{Pro}	Hauptprotease von SARS-CoV-2
mRNA	messanger-RNA
mTOR	"Mammalian Target of Rapamycin"
mTORC1	mTOR-Komplex 1
na	nicht analysiert
NF-κB	"Nuclear Factor – kappa B"
NRP-1	Neurophilin-1
ns	nicht signifikant
nsp	Nichtstrukturprotein
NTD	N-terminale Domäne
ORF	offener Leserahmen ("open reading frame")
P-Wert	Wahrscheinlichkeit eines Zweistichproben-t-Testes
PBS	Phosphat-gepufferte Salzlösung ("phosphate buffered saline")
PC	Phosphatidylcholin
PE	Phosphtidylethanolamin
PI	Phosphatidylinositol
PI3K	Phosphoinositid-3-Kinasen

PKB	Akt-Kinase; Serin/Threonin-Kinase
PS	Phosphatidylserin
RA	Rektinsäure
RBD	Rezeptor-Bindungsdomäne
RFP	Rot fluoreszierendes Protein
RNA	Ribonukleinsäure ("ribonucleic acid")
RNA-FISH	Fluoreszenz *in situ* Hybridisierung zum Nachweis von RNA
rpm	Runden pro Minute ("rounds per minute")
RPMI	Gibco™ RPMI-Medium 1640
RT	Raumtemperatur
RT-qPCR	quantitative Echtzeit-PCR ("real-time quantitative PCR")
S2 / S3	biologische Sicherheitsstufe S2/S3
SA	Salicylsäure
SARS-CoV-2	"Servere Acute Respiratory Syndrome Coronavirus type 2"
SIM	Superauflösungsmikroskopie ("Structured Illumination Microscopy") mit strukturierter Beleuchtung und optischem Gitter
siRNA	"small interfering RNA"
SM	Sphingomyelin
SPAAC	Azid-Alkin-Cycloaddition
SSRI	Selektiver Serotonin-Wiederaufnahme Inhibitor ("selective Serotonin reuptake inhibitor")
TEER	transepithelischer/ transendothelischer elektrischer Widerstand
TMPRSS2	Transmembranprotease Serin-Subtyp 2
x g	Vielfaches der Erdbeschleunigung g
ZNS	Zentrales Nervensystem

Seit Dezember 2019 hat sich ein neues pathogenes Coronavirus, SARS-CoV-2 („Severe Acute Respiratory Syndrome Coronavirus type 2"), global mit hohen Infektions- und Sterblichkeitsraten, insbesondere in den USA, Südafrika, Deutschland, Großbritannien, Indien und Brasilien ausgebreitet. Weltweit infizierten sich mehr als 642 Millionen Personen und mehr als 6,63 Millionen Menschen verstarben mit oder aufgrund einer Infektion mit SARS-CoV-2 (Stand: Dezember 2022). Die Fallzahlen steigen aufgrund neuer, infektiöser Varianten von SARS-CoV-2 und geringerer Präventionsmaßnahmen weiter. Im Gegensatz zu den Vorjahren, hat die Kombination beider Faktoren die Infektionsraten in den westlichen Ländern sogar während der Sommermonate weiter ansteigen lassen [1]. Das Virus ist wahrscheinlich zoonotischen Ursprungs und wurde vermutlich von einer Fledermausart auf den Menschen übertragen [2]. Aufbauend auf einer langjährigen wissenschaftlichen Vorarbeit durch diverse Impftechnologien und aus Erfahrungen der ersten SARS-CoV-Epidemie aus den Jahren 2002/2003, wurden mehrere mRNA-Impfstoffe entwickelt und zugelassen [3, 4]. Jedoch kompensierten die hohen Infektionsraten in Deutschland teilweise die positiven Wirkungen der zugelassenen Impfstoffe, was zu Todesraten führte, die mit denen von April 2020 zu Beginn der Pandemie vergleichbar waren, als noch kein Impfstoff verfügbar war. Anfangs litt das globale Impfprogramm an der geringen Verfügbarkeit von Impfstoffen. Heute gefährden die niedrigen Impfraten in einigen Industrieländern, die fehlende Versorgung mit effizienten mRNA-Impfstoffen, besonders in China, und Mutanten mit unklarem Impfschutz, noch immer den Erfolg der SARS-CoV-2-Impfkampange [1]. Ebenso gibt es weiterhin Personengruppen, welche selbst nach einer vollständigen Immunisierung durch Impfungen keinen ausreichend protektiven Immunschutz aufbauen können. Hierzu gehören Immunsupprimierte und Personen, deren Schutz vor einer Infektion nach einer gewissen Zeit kontinuierlich nachlässt [5, 6]. Die Mechanismen der Krankheitsentstehung sind weiterhin unzureichend geklärt. Vermutlich bestimmen zytopathische Effekte, Koinfektionen der Lunge mit Pilzen und eine übermäßige Entzündungsreaktion, sowie weitere Begleiterscheinungen, wie z. B. die Störung des Blutgerinnungssystems, den Schweregrad der Erkrankung. Zudem beeinflussen unterschiedliche Risikofaktoren, wie hohes Alter der infizierten Person, bestehende Herz-Kreislauf-Erkrankungen oder ein hoher Body-Mass-Index (BMI) den Krankheitsverlauf negativ [7].

1.1   Der struktureller Aufbau des SARS-CoV-2

Die Analyse der viralen Replikationszyklen ist eine Voraussetzung für die Entwicklung neuer antiviraler Medikamente und trägt erheblich zur Verbesserung der Therapie und zu deren Verständnis bei. Auch ermöglicht sie den „Off-Label"-Einsatz von Medikamenten. SARS-CoV-2 gehört zur Familie der *Coronaviridae* und ist ein positiv-strängiges, umhülltes RNA-Virus [8, 9]. Genetisch ist SARS-CoV-2 eng mit dem SARS-Erreger (SARS-CoV) verwandt, der 2002/2003 vor allem in China auftrat und ebenfalls zur Virusfamilie innerhalb der Betacoronaviren gehört [10]. Das Genom der Coronaviren umfasst circa 30 Kilobasenpaare (kb) und kodiert vier wichtige Strukturproteine: das Spike (S)-, das Nukleokapsid (N)-, das Membran (M)- sowie das Hüllprotein (E) (Abbildung 1.1, A.) [11]. Neben den Strukturproteinen sind auf dem Genom noch 16 Nicht-Strukturproteine kodiert (Abbildung 1.1, B.). Die Virusoberfläche besteht aus einer Lipidmembran, in die zahlreiche Kopien des S-Proteins, des M-Proteins und der Hüllproteine eingebaut sind (Abbildung 1.1, A.) [7].

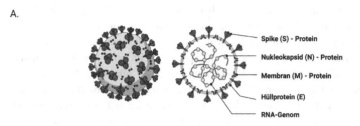

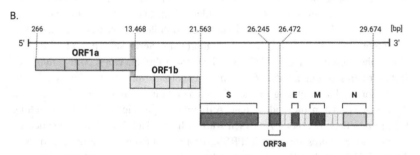

Abbildung 1.1 Struktureller Aufbau des SARS-CoV-2 und schematische Darstellung des SARS-CoV-2-Genoms. **A.** Aufbau von SARS-CoV-2. Nukleokapsid (N) – Protein umgibt einzelsträngiges RNA-Genom. In die Lipiddoppelschicht sind Spike (S)-Proteine, Membran (M)-Proteine und Hüllproteine (H) inkorporiert. **B.** Das Genom des SARS-CoV-2 umfasst ca. 30 kb und ist in 10 offene Leserahmen (ORFs) gegliedert, welche u. a. vier Strukturproteine kodieren. Die vertikalen Striche innerhalb der ORFs zeigen die Position der Proteaseschnittstellen. Der überlagerte Teil des ORF1a und ORF1b zeigt den „Frameshift". (Erstellt mit BioRender.com.)

1.2 Der SARS-CoV-2 Viruseintritt

SARS-CoV-2 heftet durch die initiale Interaktion des S-Glykoproteins an die Zelle an. Das SARS-CoV-2 Glykoprotein ist in die zwei Untereinheiten S1 und S2 unterteilt. Die S1-Untereinheit besitzt eine rezeptorbindende Domäne (RBD), welche entscheidend für den Zelltropismus und das breite Wirtsspektrum ist, sowie eine N-terminale Domäne (NTD) [12, 13]. Durch die S2-Untereinheit wird die Fusion des Virus mit der Wirtszellmembran vermittelt.

Das SARS-CoV-2-S-Protein bindet zunächst über die S1-RBD an das Angiotensin-konvertierende Enzym 2 (ACE2) auf der Zelloberfläche. Die Bindung der RBD an den zellulären Rezeptor löst eine Konformationsänderung in der S1- und S2-Untereinheit aus. Hierbei wird S1 von der viralen Oberfläche abgelöst, wodurch die S2-Untereinheit mit der Wirtszellmembran interagiert und dies schließlich zur Fusion des Virus mit der Zytoplasmamembran führt [14] (Abbildung 1.2). SARS-CoV-2 nutzt das Spike-Protein, um über ACE2 an die Wirtszelle zu binden. Dieser ACE2-Rezeptor wird vor allem im Alveolar- und Herzgewebe hoch exprimiert [15]. Es wird außerdem angenommen, dass die Bindungsaffinität des SARS-CoV-2-S-Proteins an ACE2 mit dem Schweregrad der COVID-19-Erkrankung korreliert [16]. Das Virus gelangt zum einen über zelltypspezifische pH-abhängige Endozytose oder über direkte Fusion mit der Zytoplasmamembran in die Zelle (Abbildung 1.2). Die Wahl des Eintrittsweges von SARS-CoV-2 hängt von der Expression zellulärer Proteasen auf der Plasmamembran ab, z. B. von Transmembranprotease Serin-Subtyp 2 (TMPRSS2). Eine hohe Expression der TMPRSS2-Protease führt zu einer Aktivierung des Spike-Proteins direkt an der Zellmembran, gefolgt von einer schnellen Membranfusion und Freisetzung an der Plasmamembran, wohingegen eine niedrige Protease-Expression die endosomale Aufnahme begünstigt [17, 18] (Abbildung 1.2). In den nachfolgenden Analysen wurden häufig Huh-7-Zellen verwendet, da sie eine hohe Expression der TMPRSS2-Protease aufweisen, die die Fusion von SARS-CoV-2 mit der Wirtsplasmamembran fördert, ohne den endosomalen Weg zu beschreiten [18, 19].

Das S-Protein unterliegt einem starken Evolutionsdruck. So wurden in SARS-CoV-2-Varianten zahlreiche Mutationen innerhalb des S-Genes nachgewiesen – am häufigsten in den S1/RBD-Regionen. Harvey et al. zeigten, dass viele dieser Mutationen die Affinität von S1 zu ACE2 erhöhen und somit die RBD-Flexibilität und Spaltungseffizienz steigern, um die Anheftung der Viren zu verbessern [20]. Im Gegensatz zu früheren Varianten zeigt die aktuell vorherrschende Omikron-Variante jedoch eine geringere Spaltungseffizienz sowie einen geringeren Zelleintritt in Gegenwart von TMPRSS2 [21]. Aufgrund dessen wird vermutet, dass die Omikron-Variante stärker auf den endosomalen Eintrittsweg angewiesen ist, wodurch sich der Gewebetropismus des Virus verändert.

Neben der Bindung von ACE2 gibt es zunehmend Hinweise darauf, dass SARS-CoV-2 auch andere Oberflächenproteine nutzen kann (eigene Publikation: [22]). Durch eine größere Anzahl an zellulären Rezeptoren lässt sich zudem die erhöhte Übertragbarkeit von SARS-CoV-2 im Vergleich zu SARS-CoV erklären.

Neuropilin-1 bindet nachweislich die gespaltene Form des SARS-CoV-2 S-Proteins und vermittelt so den Eintritt in die Wirtszelle. Neuropilin-Proteine werden in Neuronen exprimiert und stellen ein Eintrittssystem für das Virus für cerebrale Strukturen dar. Eine zusätzliche Bindung an Neuropilin-1-Rezeptoren auf der Zelloberfläche, steigert nachweislich die SARS-CoV-2-Infizierbarkeit.

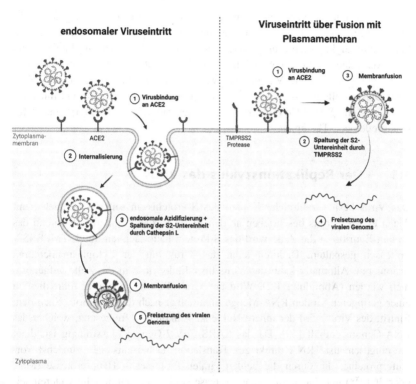

Abbildung 1.2 Eintrittsmechanismen bei einer Infektion mit SARS-CoV-2 über den endosomalen Weg und über Fusion. Die Virusbindung an den ACE2-Rezeptor ist der initiale Schritt des endosomalen Eintrittes (1), woraufhin die Internalisierung (2) erfolgt. Die Endosomen werden azidifiert und die S2-Untereinheit des S-Proteins wird durch Cathepsin L gespalten (3). Nach der Membranfusion des Virus mit dem Endosom (4) erfolgt die Freisetzung des viralen Genoms (5). Bei einer hohen Expression der TMPRSS2-Protease erfolgt der Viruseintritt über Fusion. Hierbei bindet der Virus erneut an ACE2 sowie an TMPRSS2 (1), wodurch die Spaltung des S2-Untereinheit des S-Proteins initiiert wird (2). Durch Membranfusion (3) wird anschließend das virale Genom freigesetzt (4). (Erstellt mit BioRender.com.)

Dadurch könnte der verstärkte Gewebetropismus erklärt werden, der bei einer SARS-CoV-2-Infektion im Vergleich zu SARS-CoV beobachtet wird [23, 24].

Häufige Zielgewebe des SARS-Co-2-Virus im Menschen sind neuronale Zellen, Endothelzellen der Blutgefäße sowie Epithelzellen des Respiratorischen Traktes und des Magen-Darm-Traktes [25]. Es ist jedoch bekannt, dass ACE2 im Gehirn nur in geringen Mengen exprimiert wird (u. a. eigene Publikation: [22], [26]). Eine weitere Studie hat gezeigt, dass SARS-CoV-2 an Sialinsäure-Glykoproteine und Ganglioside auf der Zelloberfläche binden kann [27]. Sialinsäure wird in hohem Maße auf der Oberfläche aller Zelltypen exprimiert, die von SARS-CoV-2 infiziert werden, einschließlich neuronaler Zellen [28]. Dieser Zelleintrittsmechanismus ist bereits für andere Viren, wie Influenza A, MERS und SARS-CoV bekannt und bietet dadurch einen Angriffspunkt für potentielle neue Therapien.

1.3   Der Replikationszyklus des Virus

Das Virus besitzt zahlreiche Kopien des S-Proteins an seiner Oberfläche, mit denen es wie bereits beschrieben an den ACE2-Rezeptor anheftet. Während des viralen Eintritts in die Zelle wird das S-Protein hauptsächlich durch TMPRSS2-Proteasen gespalten. Dadurch kann das Virus mit der Zytoplasmamembran fusionieren. Alternativ kann das Virus über Endozytose in die Zelle aufgenommen werden (Abbildung 1.2). Wird der virale Eintritt gehemmt, führt dies zu einer geringeren viralen RNA-Menge unmittelbar nach der Infektion. Nach dem Eintritt des Virus wird der innere Nukleokapsidkomplex freigesetzt, welcher das RNA-Genom enthält [29]. Da das SARS-CoV-2-Genom plussträngig ist, dient die eingeschleuste RNA direkt zur Translation. Dabei entstehen zunächst Vorläuferproteine, die durch die beiden viralen Proteasen – Hauptprotease (M^{Pro} oder $3CL^{Pro}$) und Papain-ähnliche Protease (PL^{Pro}) in funktionelle Untereinheiten gespalten werden. Zum einen werden Nicht-Strukturproteine gebildet, die wiederum Replikationssysteme zur Synthese der viraler RNA darstellen, und zum anderen werden die genannten Strukturproteine prozessiert (Abbildung 1.1, B.). Innerhalb der Replikationsorganelle transkribiert die virale Polymerase diskontinuierlich eine Sequenz von subgenomischen mRNAs. Dieses „nested set" aus subgenomischen mRNAs besitzt ein identisches 5'- sowie 3'-Poly(A)-Ende. Lediglich die Größe der subgenomischen RNAs ist verschieden. Die Inhibition der viralen Replikationsschritte nach dem viralen Eintritt bis zur RNA-Expression führt daher zu einem geringeren Anstieg der RNA-Mengen in der Zelle. Nachdem die S-, M- und E-Proteine prozessiert wurde, reichern sie sich an speziellen zellulären Membranen, wie dem ER-Golgi-Intermediat Kompartiment (ERGIC) an, wo die Bildung neuer Viruspartikel ermöglicht wird. Dabei stülpt sich die Membran nach innen, wodurch die Virushülle entsteht. Gleichzeitig wird ein Komplex aus Nukleokapsid-Proteinen und viraler RNA aufgenommen. Die dabei entstandenen Virionen werden im Anschluss über Exozytose aus der Zelle freigesetzt. Die neu replizierten Viruspartikel können nun weitere Zellen infizieren (Abbildung 1.3) [30].

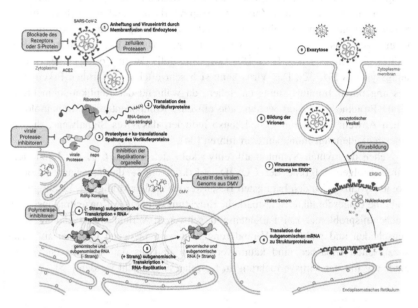

Abbildung 1.3 Schematische Darstellung des Replikationszyklus von SARS-CoV-2, sowie mögliche Angriffspunkte einer antiviralen Therapie. Zunächst tritt das SARS-CoV-2 durch den endosomalen Eintrittsweg oder direkte Membranfusion in die Wirtszelle ein (1). Die virale RNA wird direkt zu einem Vorläuferprotein translatiert (2), woraufhin die viralen Proteasen dieses Vorläuferprotein spalten (3). Die dabei entstehenden Nicht-Strukturproteine (nsps) bilden den Replikationskomplex aus (RdRp-Komplex). Am RdRp-Komplex findet zunächst die subgenomische Transkription mit anschließender RNA-Replikation des Negativstranges (4) und anschließend die des Positivstranges (5) statt. Das entstandene „nested set" an mRNAs wird zu Strukturproteinen translatiert (6), welche sich in die Membran des Endoplasmatischen Retikulums (ER) inkorporieren. Die Viruszusammensetzung findet im ERGIC statt, wo durch Membraneinstülpung der Nukleokapsid-Komplex aufgenommen wird (7). Dabei bilden sich Virionen (8), die durch Exozytose aus der Wirtszelle freigesetzt werden (9). (Erstellt mit BioRender.com.)

1.4   Die COVID-19 Erkrankung

SARS-CoV-2 wird primär über die Atemluft übertragen und ruft die als COVID-19 bezeichnete Erkrankung hervor. Der Schweregrad der Erkrankung kann von asymptomatisch bis hin zu einer schweren beatmungspflichtigen Lungenentzündung und zu systemischen Infektionen mit Multiorganversagen mit tödlichem Ausgang führen. Da neben Zellen des respiratorischen Traktes auch cerebrale, kardiovaskuläre und gastrointestinale Zellen den Rezeptor ACE2 exprimieren, kann das Virus auch andere Organe infizieren. Dies führt zu direkten oder indirekten Symptomen, z. B. zu Übelkeit, Durchfall oder zu Störungen des Gerinnungssystems [31, 32]. Das Virus kann sich sehr effektiv der frühen Erkennung des angeboren Immunsystems entziehen, da während der Replikation mehrere virale Proteine produziert werden, die einzelne Komponenten der immunologischen Abwehr blockieren [33]. Ebenso induziert das Virus Signalwege, die zu einer fehlgeleiteten Immunantwort führen [34].

Neben der akuten Symptomatik entwickeln sich bei ca. 6 % der Infizierten Langzeitfolgen aufgrund der COVID-19-Erkrankung – das sogenannte Long-Covid-Syndrom. Zu den häufigsten Beschwerden zählen Müdigkeit, Erschöpfung und eine eingeschränkte Belastbarkeit, Kurzatmigkeit, sowie Konzentrations- und Gedächtnisprobleme. Bei Patienten mit schwerem Verlauf treten zudem Lungenschäden und pathogene Veränderungen an verschiedenen Organen auf. Die spezifischen Ursachen sind kaum verstanden und bis dato konnten sie nicht eindeutig mit der Virusvermehrung in Korrelation gebracht werden [35].

1.5   Entwicklung neuer Medikamente gegen SARS-CoV-2

Trotz des schnellen Einsatzes von Impfstoffen gegen SARS-CoV-2, der sensitiven Diagnostik von infizierten Personen durch RT-qPCR-Testungen und der verfügbare symptomatische Therapien kommt es zu einer weiteren Virusausbreitung und zur hohen Mortalität in den vulnerablen Patientengruppen. Wirksame Therapeutika gegen SARS-CoV-2 sind noch immer nicht verfügbar oder haben schwerwiegende Nebenwirkungen, wie z. B. die potenzielle Teratogenität von Molnupiravir [36]. Neben der Entwicklung neuer, direkt wirkender antiviraler Arzneimittel bietet das „Drug-Repurposing" zugelassener Medikamente eine schnelle Option zur antiviralen Therapie, da diese Wirkstoffe bereits verfügbar sind, und Dosierung sowie Nebenwirkungen bereits erforscht wurden. Gegen HIV-1- oder Ebolaviren entwickelte Wirkstoffe wie Lopinavir oder Remdesivir zeigen in Zellkulturen antivirale Aktivität, sind aber für SARS-CoV-2-infizierte

Patienten klinisch unwirksam [37, 38]. Andere Wirkstoffe wie Nafamostat zeigen nur eine schwache Wirkung auf die Virusreplikation [37]. Klinische Studien haben kürzlich gezeigt, dass das direkt wirkenden antiviralen Medikament Molnupiravir das Risiko einer Virusübertragung senkt. Ebenso wurde in einer klinischen Phase-II-Studie und in infizierten Mäusen gezeigt, dass die Virustiter gesenkt und die Zeit der viralen Clearance verkürzt wird [39, 40]. Der „Off-Label"-Einsatz etablierter Wirkstoffe ist oft kostengünstiger als neu entwickelte Virostatika, wie z. B. Sofosbuvir. Mehrere Ansätze für den „Off-Label"-Einsatz von zugelassenen Medikamenten gegen SARS-CoV-2 wurden publiziert, wie Remdesivir [41, 42], Fluoxetin (eigene Publikation: [43]) und Fluvoxamin [44]. Einige wurden in die nationalen Behandlungsrichtlinien aufgenommen, während andere, z. B. Chloroquin, *in vivo* keine antiviralen Eigenschaften zeigten, was auf unzureichende präklinische Testsysteme, wie z. B. die Verwendung von Vero E6-Zellen, zurückzuführen ist [45]. Fortschrittliche Gewebesysteme wie 3D-Modelle der Lunge und der oberen Atemwege, sowie humane Präzisions-Lungenschnitte („Precision-Cut Lung Slices" (PCLS)) wurden bisher nur selten für antivirale Tests eingesetzt (eigene Publikationen: [43, 46–48]). Substanzen, die zuvor auf PCLS analysiert wurden, wie z. B. Fluoxetin, zeigten auch in klinischen Studien antivirale Wirksamkeit. Wir haben gezeigt, dass der selektive Serotonin-Wiederaufnahme-Inhibitor (SSRI) Fluoxetin die Replikation von SARS-CoV-2 effizient blockiert (u. a. eigene Publikation: [43, 49–52]). Die Bedeutsamkeit dieser Ergebnisse wurde durch 3D-Modelle von Patienten, die mit Fluoxetin behandelt werden, und in humanen PCLS bestätigt (eigene Publikation: [43]). Darüber hinaus deutet eine retrospektive klinische Studie darauf hin, dass die Einnahme von Antidepressiva bei Patienten, die wegen COVID-19 hospitalisiert wurden, mit einem geringeren Risiko für Tod oder Intubation verbunden sein könnte [53]. Eine zweite, umfangreichere multizentrische Kohortenstudie mit 3.401 Patienten, denen SSRI verabreicht wurden, verdeutlicht, dass das relative Sterberisiko bei SARS-CoV-2-Patienten, denen Fluoxetin verschrieben wurde, um 26 % gesenkt wurde [44].

Fluoxetin hemmt die lysosomale saure Sphingomyelinase (ASM), die die Spaltung von Sphingomyelin in Ceramid und Phosphocholin katalysiert. Ihre Aktivität ist pH-abhängig, wobei das Optimum im Bereich von pH 4,5 bis 5,0 liegt. Zudem ist bekannt, dass SSRI in Lysosomen protoniert werden, wodurch ihre Rückdiffusion in das Zytoplasma blockiert wird. Diese lokale Anreicherung führt zu einer

Ablösung und damit zur Inaktivierung der ASM von der Membran der lysosomalen Vesikel. Dies gilt auch für die saure Ceramidase (AC), die den Abbau von lysosomalen Ceramiden, die bei der ASM-Aktivität freigesetzt werden, in Sphingosin und Fettsäuren katalysiert und so die Ceramidkonzentration in den Lysosomen ausgleicht. Anschließend erfolgt die Umwandlung von Sphingosin in Sphingosin-1-phosphat, sowie der Export aus dem lysosomalen Kompartiment (Abbildung 1.4) [54].

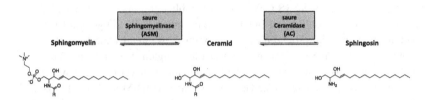

Abbildung 1.4 Schematische Darstellung der enzymatischen Reaktionen der sauren Sphingomyelinase (ASM) und der sauren Ceramidase (AC). Sphingosin wird durch die ASM in Ceramid umgewandelt. Die AC wiederum katalysiert die Umwandlung von Ceramid zu Sphingosin.

Über Impfstoffe zur Immunisierung hinaus, besteht ein dringender Bedarf an neuen Behandlungsmöglichkeiten für COVID-19-Patienten. Bislang haben nur wenige Medikamente ihren Weg in die Kliniken gefunden, oft mit mäßigem Erfolg. Auch Aspirin, ein Wirkstoff, der seit mehr als einem Jahrhundert verwendet wird, hat sich als antiviral wirksam gegen Influenza A- und Rhinoviren erwiesen [55]. Es wurde zudem festgestellt, dass Acetylsalicylsäure (ASA) eine entzündungs-hemmende und gerinnungshemmende Wirkung hat (Übersichtsartikel in [56]).

Eine klinische Studie mit einer kleinen Patientenzahlen (n = 24 Patientenpaare) zeigte, dass die Behandlung mit Aspirin sowohl die 30- als auch die 60-Tage-Sterblichkeit in der Aspirin-Gruppe signifikant senkte [57]. Eine umfangreichere retrospektive Kohortenstudie ergab, dass Patienten, die Aspirin erhielten, bei einem stationären Klinikaufenthalt weniger Sauerstoffunterstützung benötigten als Patienten der Kontrollgruppe, die kein Aspirin erhielten [58]. Allerdings wurden bisher keine Studien veröffentlicht, die eine direkte antivirale Wirkung gegen SARS-CoV-2 zeigen.

Ebenso wurden direkt wirkende Therapeutika gegen das Virus analysiert. Direkt wirkende Hemmstoffe können das Virus an verschiedenen Stellen im Replikationszyklus blockieren oder inhibieren. Beispielsweise kann der Eintritt der Viren in die Zelle durch rekombinante Antikörper oder das ACE2-Fusionsprotein, welches an das S-Protein des Virus bindet, blockiert werden. Eine weitere grundlegende Therapiestrategie stellt die Inhibition der Reifung der Virusproteine dar. Hierbei können durch Protease-Inhibitoren, die gegen die Hauptprotease von SARS-CoV-2 (M^{Pro}) gerichtet sind, die Aktivität dieser Protease inhibiert werden. Wie bereits erläutert, wird durch die viralen Proteasen das Vorläuferprotein in funktionelle Teilkomponenten der viralen Vermehrungsmaschinerie (z. B. Polymerasen) zerlegt (u. a. eigene Publikation: [59–63]). Ebenso können die viralen Polymerasen blockiert werden. Hierbei hemmen die Polymerase-Inhibitoren entweder die virale RNA-Polymerase selbst oder sie zielen auf eines der zahlreichen Hilfsproteine (Kofaktoren) der Polymerase (Abbildung 1.2) [64].

1.6 Angriffspunkte und Beispiel für etablierte antivirale Therapien

Da Viruserkrankungen bisher häufig nur symptomatisch oder prophylaktisch durch Impfungen behandelt werden, ist es weiterhin essentiell Medikamente zu entwickeln, die gegen Viren gerichtet sind. In der Humanmedizin sind bisher im Vergleich zu anderen Arzneimittelgruppen wenige Virostatika zugelassen [65]. Generell können antivirale Therapeutika in drei Gruppen eingeteilt werden. Medikamente, die direkt die virale Replikation hemmen, werden auch direkt antiviral wirksame Medikamente („direct acting antivirals" – DAA) genannt [66]. Des Weiteren sind Substanzen klassifiziert, die zelluläre Prozesse inhibieren, die für die Virusreplikation essentiell sind und somit die weitere Ausbreitung des Virus minimieren. Typischerweise werden hierzu modifizierte Enzyme, Proteine und Nukleinsäuren verwendet. In die dritte Gruppen werden Medikamente eingeteilt, die ausschließlich die Symptome der Viruserkrankung mildern, wie zum Beispiel Immunregulatoren [67].

In den letzten Jahrzehnten wurden sehr präzise Medikamente entwickelt, die den viralen Eintritt in die Wirtszelle, sowie Enzyme des Replikationsapparates, wie die viralen Polymerasen, Proteasen, Integrasen und Terminasen, inhibieren.

Um die Virusreplikation zu supprimieren, werden chemische Substanzen in die infizierte Zelle aufgenommen, welche ein oder mehrere Angriffsziele innerhalb des viralen Replikationszyklus inhibieren (Tabelle 1.1). Hierbei ist es wichtig, dass die Zellviabilität durch Zugabe der Substanz möglichst nicht beeinträchtigt wird. Daher werden antivirale Wirkstoffe mit einem engen oder breitem Wirkspektrum unterschieden.

Bisher ist eine große Anzahl an antiviralen Medikamenten mit engem Wirkungsspektrum bekannt, jedoch wurden im letzten Jahrzehnt auch erste Ansätze zu antiviralen Medikamenten mit breitem Wirkspektrum entwickelt. Des Weiteren werden antivirale Wirkstoffe in DAAs und Medikamente, die zunächst metabolisch weiterverarbeitet werden müssen, bevor sie ihre wirksame Form bereitstellen, unterteilt [68].

In den letzten Jahren wurden zudem große Fortschritte in der Therapie von chronischen Viruserkrankungen erzielt. Am bekanntesten ist die Behandlung des humanen Immundefizienz-Virus (HIV-1). Angriffspunkte sind hier virale Polymerasen und Proteasen, gegen die kompetitive und nicht-kompetitive Inhibitoren entwickelt wurden. Bei den kompetitiven Inhibitoren werden Nukleosid-Analoga verwendet, die modifizierte Desoxyribosen ohne 3'-OH-Gruppe einbauen, wodurch die virale RNA/DNA-Synthese abbricht. Kettenterminatoren wurden gegen unterschiedliche Virenstämme entwickelt, welche teilweise auch Virus unspezifisch wirken. So hemmen die HIV-1 Medikamente Tenofovir und 3TC auch die virale Reverse Transkriptase des Hepatitis B-Virus (HBV) und das gegen das Ebolavirus entwickelte Nukleosidanalogon Remdesivir auch die SARS-CoV-2-Polymerase *in vitro* [41, 69–72]. Mitte der neunziger Jahre kam mit der Entwicklung der Proteaseinhibitoren der große Durchbruch in der HIV-1 Therapie. Mit ihnen gelang es die Viruslast in den Patienten unter die Nachweisgrenze von damals 400 Genomkopien/ml Plasma zu senken und so die Entstehung und Selektion von Resistenzassoziierten Mutationen (RAM) zu verhindern. Auch zeigte diese Substanzklasse eine hohe genetische Barriere, da bis zu 9 RAMs in der Protease für die Resistenz notwendig sind [73]. Ein zweiter Durchbruch gelang mit der Entwicklung von Hepatitis C (HCV)-Proteaseinhibitoren. Mit einer Kombinationstherapie mit HBV-Polymeraseinhibitoren können seitdem auch chronisch HCV-Infizierte innerhalb von Wochen vollständig geheilt werden (Tabelle 1.1) [74].

Tabelle 1.1 Angriffspunkte der antiviralen Therapie mit den zugehörigen Wirkstoffklassen

Angriffspunkt	Wirkstoffklasse	Wirkstoff (Zielvirus)	Referenz
Anheftung	Rezeptor-Inhibitoren	Ancriviroc (HIV-1)	[75]
Eintritt + Freisetzung des viralen Genoms	Penetrationsinhibitoren, M2-Membranprotein-Inhibitor	Amantadin (Influenza A)	[76]
Nukleinsäuren-Synthese + Proteinbiosynthese	DNA- und RNA-Polymerase-Inhibitoren	Aciclovir (HSV-1) Remdesivir (Ebola)	[71, 77]
	Reverse Transkriptase-Inhibitoren	Tenofovir (HBV + HIV-1)	[69, 72]
	Protease-Inhibitoren	Lopinavir (HIV-1)	[78]
	Integrase-Inhibitoren	Raltegravir (HIV-1)	[79]
Bildung des Viruspartikels	Terminase-Inhibitoren	Letermovir (CMV)	[80]
Freisetzung des Virus	Neuraminidase-Inhibitoren	Zanamirvir (Influenza A)	[81]

Aufgrund der hohen viralen Replikation und der hohen Mutationsrate können innerhalb kürzester Zeit Resistenzen gegenüber der verwendeten Therapie entstehen. Deshalb ist die Entwicklung antiviraler Medikamente mit Breitbandwirksamkeit von großem Interesse. Das Auftreten von Mutationen wird meist durch Fehler in der Transkription der viralen Polymerase bestimmt. Je unspezifischer die virale Polymerase bindet, desto häufiger treten Mutationen auf. Da die viralen RNA-Polymerasen keine Korrekturlese-Funktion besitzen, ist die Fehlerrate der viralen RNA-Polymerase um ein Vielfaches höher als die der DNA-Polymerasen. Dies führt dazu, dass RNA-Viren schneller Resistenzen gegenüber den verabreichten Virostatika entwickeln. Wenn während der viralen Replikation eine große Anzahl an viralen Genomkopien produziert wird, ist es ebenso wahrscheinlicher, dass mehr Mutanten entstehen. Durch eine weltweite Verbreitung des Virus wird zudem die Größe des genetischen Pools erhöht, was ebenso zur

Folge trägt, dass schneller Mutationen gegen ein neu zugelassenes Medikament entstehen [68].

1.7 Zielsetzung

Ein Ziel dieser Arbeit ist die Aufklärung des antiviralen Wirkmechanismus von Fluoxetin gegen SARS-CoV-2. Hierbei soll der Angriffspunkt von Fluoxetin im Replikationszyklus durch biochemische Methoden und durch superauflösende Mikroskopie charakterisiert werden. Dabei sollen Fluoxetin-Derivate verwendet werden, an deren funktionelle Gruppen durch Click-Chemie Fluorophore konjugiert werden können.

Zudem sollen weitere antiviral wirkende Substanzen identifiziert werden und deren Einfluss auf die SARS-CoV-2-Replikation charakterisiert werden. Von besonderem Interesse sind dabei die Acetylsalicylsäure (ASA) und ihr Metabolit Salicylsäure (SA), welche die Virusreplikation von Influenza- und Rhinoviren hemmen. Schließlich soll der Transport von SARS-CoV-2 ins zentrale Nervensystem untersucht werden. Dazu muss die Infektion von Blut-Hirn-Schranken-Modellen etabliert werden.

Materialien 2

2.1 Chemikalien

Die verwendeten Chemikalien wurden von Avanti Polar Lipids, Sigma-Aldrich, Carl Roth GmbH + Co. KG und Roche Diagnostics GmbH bezogen.

2.2 Zelllinien

In dieser Arbeit wurden die nachfolgenden Zelllinien verwendet. Die Kultivierung aller Zelllinien erfolgte im Inkubator von Thermo Scientific bei 37°C und unter einer 5 % CO_2-Atmosphäre (Tabelle 2.1).

SARS-CoV-2 wurde in den Zelllinien Vero *h-slam*, Huh-7, Huh-7 ORF3$^+$ (Viktoria Diesendorf, AG Bodem), A549-ACE2, Calu-3, Vero E6, HEK-293T, HEK-293T mit ACE2 (Dr. Teresa Klein, AG Sauer); Influenza A in der Zelllinie MDCK; HIV-1 in den Zelllinien MT-4 und TZM; sowie Gelbfieber in Vero *h-slam* Zellen propagiert (Tabelle 2.1).

© Der/die Autor(en), exklusiv lizenziert an Springer Fachmedien Wiesbaden GmbH, ein Teil von Springer Nature 2023
N. Geiger, *Charakterisierung des Wirkmechanismus von Selektiven Serotonin-Wiederaufnahme-Inhibitoren (SSRI) bei Infektion mit SARS-CoV-2*, BestMasters, https://doi.org/10.1007/978-3-658-43071-9_2

Tabelle 2.1 Tabellarische Auflistung der verwendeten Zelllinien

Zelllinie	Ursprung	Referenz
Vero *h-slam*	Nierenepithelzellen der Afrikanischen Grünen Meerkatze, enthält Neomycin-Resistenzgen transduziert mit humanem Signal-Lymphozyten-Aktivierungsmolekül (hSLAM)	[82, 83]
Huh-7	humane Leberkarzinom-Zelllinie	[84]
Calu-3	humane Lungen-Adenokarzinom-Zelllinie	[85]
MT-4	humane T-Zellen aus HTLV-1-seropositivem Patienten	[86]
TZM-bl	HeLa-Zellderivat (CXCR4$^+$, CCR5$^+$, CD4$^+$), integrierter „firefly"-Luciferase und *E.coli* Lac-Z Genen unter Kontrolle des HIV-1 „Long Terminal Repeats" (LTR).	[87]
MDCK	Nierenepithelzellen eines Cockerspaniels	[88]
NIH-3T3	murine Fibroblasten der BALB/c-Maus	[89]
A549-ACE2	humane Patienten-Alveolarepithelzellen eines Lungenadeno-karzinoms, transduziert mit humanem ACE2-Rezeptor	[90]
Vero E6	Nierenepithelzellen der *Cerecopithecus aethiops*	[83]
HEK-293T	Adenovirus transformierte humane Nierenkarzinomzellen	[91]
Cos-7	immortalisierte SV40-LT exprimierende CV-1 Zelllinie der Afrikanischen Grünen Meerkatze	[92]

2.3   Dreidimensionale Zellsysteme

In dieser Arbeit wurden die nachfolgenden dreidimensionale Zellsysteme verwendet (Tabelle 2.2).

Tabelle 2.2 Tabellarische Auflistung der verwendeten dreidimensionalen Zellsysteme

Dreidimensionale Zellsysteme	Kooperationspartner	Referenz
humane PCLS	Fraunhofer Institut ITEM, Hannover	[93]
Blut-Hirn-Schranken-Organoide (hiPSC-BCEC)	Lehrstuhl für Tissue Engineering und Regenerative Medizin, Würzburg	[94]

2.4 Viren

Für die Infektionsexperimente wurden folgenden Viren verwendet (Tabelle 2.3).

Tabelle 2.3 Tabellarische Auflistung der verwendeten Virusisolate

Virusisolat	Ursprung	Referenz
SARS-CoV-2 (alpha-SARS-CoV-2)	von AG Bodem aus Patientenmaterial isoliert	eigene Publikation: Bachelorarbeit Nina Geiger, [43]
HIV-1 NL4-3	Proviraler-Klon	[95]
Influenza A (H1N1)	Patient 62/11	–
Gelbfieber	replizierender Impfstamm YF-17D	[96]
muriner Cytomegalovirus (mCMV)	zur Verfügung gestellt von Prof. Dr. L. Dölken	–

2.5 Synthesen

Die Substanzen AKS-456, AKS-457, AKS-466 sowie die entsprechenden Enantiomere (R)-AKS-466 und (S)-AKS-466 wurden von der Arbeitsgruppe von Prof. Dr. Jürgen Seibel vom Institut für Organische Chemie der Universität Würzburg synthetisiert. Die Proteaseinhibitoren wurden von Prof. Dr. Michael Gütschow und Prof. Dr. Christa E. Müller vom Pharmazeutischen Institut der Rheinischen Friedrich-Willhelms-Universität Bonn zur Verfügung gestellt (Abbildung 4.33 und 4.34).

2.6 Seren

Die Blutseren für die Neutralisationstests wurden von Probanden aus unserer Arbeitsgruppe entnommen. Alle Probanden waren nach Anonymisierung mit der Veröffentlichung der Ergebnisse einverstanden.

2.7 Lösungen, Puffer und Medien

Alle verwendeten Medien (DMEM, RPMI, serumfreies Opti-MEM^{TM} und das FluoroBrite^{TM} DMEM) wurden von Thermo Fisher Scientific bezogen. Ebenso wurden für die Experimente die nachfolgenden Lösungen und Puffer verwendet (Tabelle 2.4).

Tabelle 2.4 Tabellarische Auflistung der Lösungen, Puffer und Medien

	Hersteller	Zusammensetzung
ATV	Institut für Virologie und Immunbiologie, Würzburg	8,0 g NaCl; 0,27 g KCl; 1,15 g Na$_2$PO$_4$; 0,1 g MgSO$_4$ • 7 H$_2$O; 1,125 g Na$_2$-EDTA; 1,25 g Trypsin
Accutase^{TM}	STEMCELL Technologies	–
MagNA Pure LC Total NA Isolation Kit Lyse/ Bindungspuffer	Roche Diagnostics GmbH	–
PBS	Institut für Virologie und Immunbiologie, Würzburg	137 mM NaCl; 2,68 mM KCl; 6,46 mM Na$_2$HPO$_4$; 1,15 mM K$_2$HPO$_4$; 0,9 mM CaCl$_2$; 0,5 mM MgCl$_2$
PBST	–	PBS; 0,1 % Tween-20
FACS-Puffer	Institut für Virologie und Immunbiologie, Würzburg	PBS; 1 % BSA; 0,1 % NaN$_3$; 1 mM EDTA
Lipofectamine RNAiMAX Reagenz	Invitrogen	–
25 % Glutaraldehyd EM-Qualität	Science Services	–

2.8 Kits

Die Virusaufreinigungskits „MagNA Pure 24 Total NA Isolation" und „High Pure Viral Nucleic Acid" sowie die RT-qPCR-Kits „RNA Process Control" und „Dual-Target SARS-CoV-2 RdRP RTqPCR Assay" wurden von Roche Diagnostics GmbH bezogen. Desweiteren wurden die folgenden Kits verwendet (Tabelle 2.5).

Tabelle 2.5 Tabellarische Auflistung der benutzten Kits

Kits	Hersteller
CellTiter 96® AQ$_{ueous}$ Non-Radioactive Cell Proliferation Assay	Promega GmbH
TRIzol^{TM} Reagenz	Thermo Fisher Scientific
E.Z.N.A. Total RNA Kit I	Omega BIO-TEK
Lysosome Isolation Kit	Abcam

2.9 Primer für RT-qPCR

Zur Quantifizierung der RT-qPCR-Ansätze wurden virusspezifisch folgende Kits verwendet: LightMix Modular Sarbecovirus SARS-CoV-2, LightMix Modular Sarbecovirus E-Gen, LightMix Modular Influenza A (InfA M2) (TIB Molbiol). Die GAPDH-Expression wurde unter Verwendung der Primer (5'-ACAACGAATTTGGCTACAGC-3'; 5'-AGTGAGGGTCTCTCTTCC-3') und der Hydrolyse-Sonde([Cy5]-ACCACCAGCCCCAGCAAGAGCACAA-[BHQ]) bestimmt.

2.10 Antikörper und Fluoreszenzfarbstoffe

Für die Immunfluoreszenz, die durchflusszytometrischen Analysen sowie Western Blots wurden folgende Antikörper und Fluoreszenzfarbstoffe verwendet (Tabelle 2.6 und Tabelle 2.7).

Tabelle 2.6 Tabellarische Auflistung der verwendeten Antikörper für Immunfluoreszenz, durchflusszytometrische Analysen und Western Blots

Antikörper	Hersteller	Konzentration
Kaninchen-anti-SARS-N-Protein	Sino Biologicalor	500 µg/ml
Kaninchen-anti-ACE2 – Alexa Fluor 648	Biolegend (von AG Sauer konjugiert)	345 µg/ml
Kaninchen-anti-Nukleokapsid-SARS-CoV-2	GeneTex	333 µg/ml
Maus-anti-C12-Ceramid	[97]	–
anti-Kaninchen-IgG-Alexa Fluor 594	Jackson ImmunoResearch, Dianova	1,5 mg/ml
Anti-Maus-IgA-Alexa Fluor 488	Invitrogen	2 mg/ml
Kaninchen-anti-GRP78	Sigma-Aldrich	1 mg/ml

Tabelle 2.7 Tabellarische Auflistung der verwendeten Fluoreszenzfarbstoffe

Fluoreszenzfarbstoffe	Hersteller	Konzentration
1,2-Dioleoyl-sn-glycero-3-phosphoethanolamine (DOPE- ATTO-643)	ATTO-TEC GmbH	~ 5 mM
DBCO-BODIPY	Jena Bioscience	5 mM

2.11 Kits zur Färbung zellulärer Bestandteile

Zur Färbung zellulärer Kompartimente wurden die folgenden kommerziell erhältlichen Kits verwendet (Tabelle 2.8).

Tabelle 2.8 Tabellarische Auflistung der Kits zur Färbung zellulärer Kompartimente

Kit	Hersteller
NucBlue™ Fixed Cell Ready Probes™" Reagenz	Invitrogen
Hoechst34580	Invitrogen
„MemBrite Fix Cell Surface Staining 568/580"	Biotium
LysoTracker™ Deep Red	Thermo Fisher Scientific
MitoTracker™ CMXRos	Thermo Fisher Scientific
pHrodo™ Succinimidylester	Invitrogen

2.12   RNA-FISH-Hybridisierung

Die virale SARS-CoV-2-RNA wurde mit markierten komplementären RNA-FISH-Sonden nach Rensen *et al.* angefärbt [98]. Die Oligonukleotidsequenzen der FISH-Färbung können dem Geiger *et al.* Supplement entnommen werden (eigene Publikation: [99]).

2.13   siRNA

Das spezifische „Gene-Silencing" wurde mit den folgenden Sequenzen der siR-NAs induziert. Die siRNAs wurden von Dr. Maik Friedrich (Fraunhofer Institut IZI, Leipzig) entworfen. Die siRNAs enthielten einen 3′-dTdT-Überlappung und wurden über Ambion (LIFE Technologies) bezogen (Tabelle 2.9).

Tabelle 2.9   siRNAs für Lipofektion

siRNA	Sequenz 5′–3′	gerichtet gegen	Referenz
siA1	GGACAAGUUUAACCACGAA	ACE2 Exon 1	[100]
siV1	GCGAAAUACCAGUGGCUUA	SARS-CoV-2 Hauptprotein nsp1	[100]
Negativkontrolle	*Silencer*™ Nr. 1 siRNA (Thermo Fisher Scientific)	–	[100]

2.14   Software

Zur Auswertung der Experimente und Quantifizierung der Ergebnisse wurden die folgenden Softwareprogramme herangezogen (Tabelle 2.10).

Tabelle 2.10 Tabellarische Auflistung der verwendeten Software

Software	Entwickler	Verwendung
LightCycler 480 1.5.1	Roche	Auswertung RT-qPCR; nach AbsQuant-Methode
FlowJo™ v10.8	Thermo Fisher Scientific	Durchflusszytometrie
ZEN Black	ZEISS	Lattice SIM (ZEISS Elyra 7)
ZEN Blue	ZEISS	Lattice Lightsheet 7 (ZEISS)
ImageJ	NIH	Bildbearbeitung
Imaris	Oxford Instruments	Bildbearbeitung
PRISM 9	GraphPad Software Inc.	Bestimmung der IC_{50}-Werte

Methoden

3

Alle Größenordnungen in der vorliegenden Arbeit wurden in SI-Einheiten angegeben.

3.1 Kultivierung der Zelllinien

Die Kultivierung aller Zelllinien erfolgte in Inkubator bei 37 °C und unter einer 5 % CO_2-Atmosphäre. Vero *h-slam*, Huh-7, A549-ACE2, Calu-3, TZM, MDCK, NIH-3T3, Vero E6, HEK-293 T, HEK-293 T-ACE2 sowie Cos-7 wurden in DMEM-Medium kultiviert. Die Suspensionszelllinie MT-4 wurde in RPMI-Medium kultiviert (Tabelle 3.1).

Tabelle 3.1 Tabellarische Auflistung der verwendeten Medien zur Kultivierung der Zelllinien

DMEM-Medium:	500 ml Gibco™ DMEM, 50 ml FCS, 2 mM L-Glutamin, 100 mg/ml Penicillin, 100 U/ml Streptomycin
RPMI-Medium:	500 ml Gibco™ RPMI, 50 ml hitze-inaktiviertes FCS, 2 mM L-Glutamin, 100 mg/ml Penicillin, 100 U/ml Streptomycin

Die Kultivierung aller Zelllinien erfolgte in Inkubator bei 37 °C und unter einer 5 % CO_2-Atmosphäre. Vero *h-slam*, Huh-7, A549-ACE2, Calu-3, TZM, MDCK, NIH-3T3, Vero E6, HEK-293 T, HEK-293 T-ACE2 sowie Cos-7 wurden in DMEM-Medium kultiviert. Die Suspensionszelllinie MT-4 wurde in RPMI-Medium kultiviert.

© Der/die Autor(en), exklusiv lizenziert an Springer Fachmedien Wiesbaden   23
GmbH, ein Teil von Springer Nature 2023
N. Geiger, *Charakterisierung des Wirkmechanismus von Selektiven Serotonin-Wiederaufnahme-Inhibitoren (SSRI) bei Infektion mit SARS-CoV-2*,
BestMasters, https://doi.org/10.1007/978-3-658-43071-9_3

Je nach Konfluenz der Zellen wurden diese alle zwei bis drei Tage 1:3–1:10 gesplittet. Zum Passagieren der Zellen wurde das Medium abgenommen, die Zellen mit 2 ml PBS gewaschen und mit 2 ml ATV/Trypsin trypsiniert. Sobald sich die adhärenten Zellen gelöst haben, wurde die Trypsinierung durch Zugabe von DMEM mit 10 % FCS gestoppt. Die Zellen wurden resuspendiert, je nach Konfluenzfaktor abgenommen und gesammelt. Die in der Zellkulturflasche verbliebenen Zellen wurden durch erneute Zugabe von Medium aufgenommen und im Inkubator bei 37 °C weiter kultiviert. Anschließend wurde die Anzahl der vereinzelten Zellen mit Hilfe einer Neubauerzählkammer bestimmt. Die Zellen wurden entsprechend der gewünschten Zellzahl pro Napf verdünnt und ausgesät.

3.2 Anzucht der Virenstämme

3.2.1 Kultivierung von SARS-CoV-2

Der verwendete SARS-CoV-2-Stamm wurde im März 2020 aus einem Patienten des Universitätsklinikums Würzburg zu diagnostischen Zwecken isoliert und vollständig sequenziert. Das Isolat wurde von der AG Bodem isoliert (eigene Publikation: Bachelorarbeit Nina Geiger, [43]). Zu Beginn der Arbeiten wurde eine 175 cm^2-Zellkulturflasche mit Vero *h-slam*-Zellen mit 1 ml Virusüberstand des SARS-CoV-2-Patientenisolates infiziert. Die SARS-CoV-2-infizierten Vero-Zellen wurden im Inkubator bei 37 °C und einer 5 % CO_2-Atmosphäre kultiviert. Nach einer dreitägigen Infektionszeit wurde der infektiöse Zellkulturüberstand abgenommen und in 1 ml-Aliquotes bis zur weiteren Verwendung bei −80 °C oder −140 °C verwahrt.

3.2.2 Anzucht einer Influenza A-Kultur

Zur Infektion mit Influenza A wurde ein Influenza A-Stamm verwendet, welcher aus einem Patienten zu diagnostischen Zwecken isoliert wurde. Um eine Kokultur aus diesem Virusstamm zu generieren, wurde eine 75 cm^2-Zellkulturflasche mit MDCK-Zellen mit 1,5 ml Influenza A-Überstand infiziert. Die infizierten Zellen wurden im Inkubator bei 37 °C und einer 5 % CO_2-Atmosphäre kultiviert. Nach einer dreitägigen Infektionszeit wurde der infizierte Zellkulturüberstand abgenommen. Mit diesem wurden entweder Zellen mit 50 µl Influenza A-Überstand pro Napf infiziert, eine neue Passage begonnen oder der Überstand wurde in

1,5 ml-Cryogefäße aliquotiert und bis zur weiteren Verwendung bei -80 °C konserviert.

3.2.3 Anzucht einer HIV-1-Kokultur

Die HIV-Kultur wurde aus dem Molekularklon HIV-1 NL4–3 gezogen. NL4–3 kodiert für alle bekannten HIV-1-Gene. Hierzu wurden 50 ml MT-4-Suspensionszellen mit 10 ml HIV-1 NL4–3-Überstand infiziert. Der Virenstamm wurden über mehrere Passagen alle zwei Tage passagiert, um die maximale Infektiosität zu erreichen. Die Kultivierung erfolgte im Inkubator bei 37 °C und einem CO_2-Gehalt von 5 % im S3-Labor. Zur Infektion wurde ausschließlich kultivierter HIV-1-Überstand verwendet.

3.2.4 Anzucht einer Gelbfieber-Kultur

Zur Infektion mit Gelbfieber wurde der replizierende Gelbfieberimpfstamm YF-17D verwendet. Um eine Kokultur aus diesem Virusstamm zu generieren, wurde eine 75 cm^2-Zellkulturflasche mit Vero *h-slam*-Zellen mit 2 ml Gelbfieber-Überstand infiziert. Die infizierten Zellen wurden im Inkubator bei 37 °C und einer 5 % CO_2-Atmosphäre kultiviert. Nach zweitägiger Infektionszeit wurde der infizierte Zellkulturüberstand abgenommen, in 1,5 ml-Cryogefäße aliquotiert und bis zur weiteren Verwendung bei -140 °C gelagert.

3.2.5 Anzucht einer mCMV-Kultur

Der mCMV-Stamm wurde aus einem aufgereinigten Zellkulturisolat gewonnen und von Prof. Dr. Lars Dölken zur Verfügung gestellt. In das Genom des mCMV-Isolat wurde rekombinant GFP und RFP eingefügt. Zu Beginn des Experimentes wurden NIH-3T3-Zellen mit 1 ml mCMV-Überstand infiziert. Die Zellen wurden im Inkubator bei 37 °C und einer CO_2-Atmosphäre von 5 % kultiviert und alle zwei bis drei Tage passagiert. Nach zwei Passagen wurde der Überstand für Infektionsexperimente eingesetzt.

3.3 Bestimmung der Zytotoxizität

Die Bestimmung der Zytotoxizität ist ein essentieller Schritt, um Aussagen über die antivirale Aktivität der getesteten Substanz *in vitro* treffen zu können. Hierzu wurden zwei unterschiedliche Methoden verwendet: Zum einen wurde die Zytotoxizität mit Hilfe des relativen Zellwachstums bestimmt, zum anderen wurde die Zytotoxizität von Substanzen zum Teil mit Hilfe einer Zellviabilitätsbestimmung untersucht.

3.3.1 Bestimmung der Zytotoxizität über die Zellwachstumsrate

Die Zelltoxizität wurde durch Analyse der Zellvermehrung bestimmt. Die Zellen wurden in optische 96-Napf-Platten ausgesät und unter Standardbedingungen im Inkubator kultiviert. Am folgenden Tag wurde die Anzahl der Zellen mit dem Ensight Multimode Plattenleser (PerkinElmer) gezählt. Die zu testende Substanzen wurden in den jeweiligen Endkonzentrationen in sechs Replikaten zugegeben. Als Wachstumskontrollen wurde zum einen Medium und zum anderen die entsprechende Verdünnung an DMSO zugegeben. Anschließend wurden die Zellen 72 h inkubiert und die absolute Zellzahl nach 72 h mit Hilfe des Ensight Multimode Plattenlesers erneut bestimmt. Aus den beiden gemessenen absoluten Zellzahlen zum Zeitpunkt 0 h und 72 h wurde das relative Zellwachstum bestimmt.

3.3.2 Bestimmung der Zytotoxizität mit einem Zellviabilitätstest

Die Bestimmung der Zytotoxizität wurde zum Teil anhand einer Zellviabilitätsmessung durchgeführt. Hierzu wurden Zellen in einer 96-Napf-Platte ausgesät und im Inkubator bei 37 °C kultiviert. Am darauffolgenden Tag wurden die zu testenden Substanzen in den jeweiligen Endkonzentrationen in Triplikaten zugegeben. Als Kontrollen dienten Triplikate, welche mit Medium beziehungsweise einer DMSO-Verdünnung behandelt wurden. Nach einer Inkubation von 72 h wurde der CellTiter 96® AQ$_{ueous}$ Non-Radioactive Cell Proliferation Assay (Promega) nach Herstellerangabe durchgeführt. Es wurden 10 µl MTS/PMS Lösung pro Napf zu den bereits 100 µl vorliegendem Zellkulturmedium zugegeben. Nach 2–3 h Inkubation bei 37 °C und einer CO_2-Atmosphäre von 5 % wurde die

Absorption der einzelnen Näpfe bei 490 nm mit dem Spectra Max 384 Plus Plattenleser (Molecular Devices) bestimmt. Die gemessenen Daten wurden mit der Software SoftMax® Pro 6 (Molecular Devices) ausgewertet.

3.4 Infektion unterschiedlicher Zellsysteme mit SARS-CoV-2

3.4.1 Infektion von Zelllinien mit SARS-CoV-2

Für die Infektionsexperimente mit SARS-CoV-2 wurden entweder 15.000 Vero-*h-slam*-Zellen, 30.000 Huh-7-Zellen oder 100.000 Calu-3-Zellen auf einer 48-Napf-Platte ausgesät. Die Zellen wurden in Triplikaten mit der zu testenden Substanz versetzt. Als Endkonzentration wurden meist 10 μM und 30 μM eingesetzt und DMSO oder Medium für Kontrollen verwendet. Die Substanzen wurden durch eine Verdünnungsreihe in die einzusetzende Endkonzentration vorverdünnt und in einer 48-Napf-Platte durch Resuspendieren mit dem Medium gemischt. Anschließend wurden die Zellen mit 0,5 μl SARS-CoV-2-Überstand (entspricht einer Infektionsmultiplizität (MOI) von 1) infiziert. Zur Infektion der Zellen mit SARS-CoV-2 wurden diese drei Tage im Inkubator bei 37 °C und 5 % CO_2-Atmosphäre inkubiert. Nach 24 h wurde jeweils ein Mediumswechsel mit erneuter Substanzzugabe durchgeführt.

3.4.2 Infektion der PCLS mit SARS-CoV-2

Humane PCLS sind lebende, dreidimensionale Präzisionsschnitte der Lunge („Precision Cut Lung Slices") und stammen aus einer Patienten-Lobektomie. Nach Entnahme des Gewebes erfolgt eine standardisierte Qualitätskontrolle des Gewebes, sodass ausschließlich makroskopisch und mikroskopisch gesundes Lungenlappengewebe verwendet wird. Das Fraunhofer Institut ITEM in Hannover erhält danach das humane Lungengewebe, perfundiert dieses und präpariert die Lungenlappen mit 2 % „low-melting" Agarose in Medium-Lösung. Die mit Agarose gefüllten Lungenlappen wurden anschließend in 0,8 cm dicke Zylinder gestanzt, wonach diese erneut makroskopisch untersucht wurden. Anschließend wird das Gewebe mit Hilfe eines Alabama RD MD 6000 Gewebeschneiders (Alabama Research and Development, Munford, AL) in gleichmäßige 200–300 μm dünne Scheiben geschnitten [93] und in Gibco™ DMEM/Nutrient Mixture F-12 (DMEM/F-12) kultiviert.

Die PCLS wurden per Kurier nach Würzburg verschickt und nach Erhalt 1 h in DMEM/F-12-Medium in einem Inkubator bei 37 °C und einem 5 % CO_2-Gehalt unter humiden Bedingungen inkubiert. In einer 24-Napf-Platte wurde pro Napf 1 ml erwärmtes DMEM/F-12-Medium mit 100 mg/ml Penicillin und 100 U/ml Streptomycin vorgelegt. Nach der Inkubation wurden die PCLS in Näpfe vereinzelt. Die zu testenden Substanzen wurden in Triplikaten in der entsprechenden Endkonzentration zugegeben. Als Infektionskontrolle wurde ein Triplikat ausschließlich mit Medium versetzt. Die PCLS wurden mit 50 µl SARS-CoV-2-Überstand (MOI von 10) infiziert. Nach drei Tagen Infektion wurden die resultierende virale Infektiosität bestimmt. Dazu wurden 100 µl Zellkulturüberstand in Duplikaten auf Vero *h-slam*-Zellen in einer 48-Napf-Platte gegeben. Nach einem Tag Inkubation wurde ein Mediumswechsel durchgeführt, sodass im Folgenden nur der, in den Vero-Zellen replizierende Virus betrachtet wurde. Nach einer dreitägigen Infektionszeit wurde der Zellkulturüberstand abgenommen, die virale RNA aufgereinigt und weitergehend mit RT-qPCR analysiert.

3.4.3   Infektion der hiPSC-BCEC Organoide mit SARS-CoV-2

Die Organoide des Blut-Hirn-Schranken-Modells (hiPS-BCEC) wurden von unseren Kooperationspartner Dr. Antje Appelt-Menzel vom Lehrstuhl für Tissue Engineering und Regernative Medizin der Universität Würzburg aus humanen induzierten pluripotenten Stammzellen (hiPSCs) in einer Einzelzellsuspension mit Accutase hergestellt. Danach wurden die Zellen auf Matrigel beschichteten 6-Napf-Platten ausgesät. Die hiPSCs wurden über 10 Tage zu BCECs ausdifferenziert. Danach wurden diese auf Kollagen IV/Fibronektin-beschichtete Transnapf-Einsätze überführt und spannungsabhängig zu einem 3D-Organoid (hiPS-BCEC) kultiviert (eigene Publikation: [22]). Die Kultivierung erfolgte in hiPSC-BCEC-Medium, welches aus Gibco^{TM} Humanem Endothelialem Serumfreiem Medium (Human Endothelial-SFM) unter Zugabe von 0,5 % B-27^{TM} Supplement sowie 20 ng/ml des Fibroblasten-Wachstumsfaktors hbFGF und 10 µM all-trans Rektinsäure (RA) besteht. Die Kultivierung erfolgte im Inkubator bei 37 °C und einem CO_2-Gehalt von 5 % [94]. Zur Bewertung der Qualität der *in vitro* erzeugten Blut-Hirn-Schranken-Organoiden wurden TEER (transepithelischer/transendothelischer elektrischer Widerstand) – Messungen durchgeführt (Abbildung 3.1, A.). Die hiPSC-BCEC wurden 24 h bei einer MOI von 0,1; 1 und 10 in vier Replikaten infiziert. Ein 4-Napf-Objektträger verblieb nicht-infiziert und diente als Kontrolle. Die Kontrolllinie hCMEC/D3 wurde mit SARS-CoV-2 in einer MOI von 10 ebenfalls in einem vierer Replikat infiziert. Vier Replikate der hCMEC/D3-Zellen blieb ebenso uninfiziert. Nach einer Infektionszeit von 24 h wurden die Zellkulturüberstande abgenommen, mit den TRIzol^{TM} Reagenz (Thermo Fisher Scientific) nach Herstellerangabe lysiert und anschließend mit Hilfe von RT-qPCR quantifiziert. Die verbliebenen Zellen wurden in Zusammenarbeit mit Dr. Eva-Maria König vorsichtig mit PBS gewaschen und mit einer 4 % Formalin-Lösung für 24 h fixiert. Der Zellkulturüberstand der nicht-infizierten Proben wurde ebenfalls abgenommen und die Zellen fixiert. Die anschließende Immunfluoreszenz mit einem anti-SARS-N-Protein-Antikörper des N-Proteins von SARS-CoV-2 sowie die Kernfärbung mit DAPI wurde von unseren Kooperationspartnern des Fraunhofer Institut ITMP im Hamburg durchgeführt.

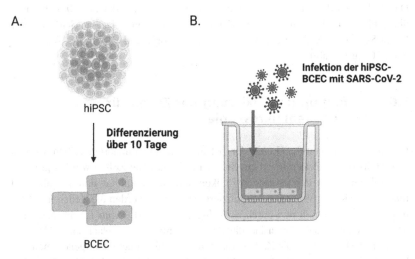

Abbildung 3.1 Schematische Darstellung der Differenzierung von hiPSC zu hiPSC-BCEC (A.), sowie die Kultivierung der hiPSC-BCEC während der SARS-CoV-2-Infektion (B.). A. Die humanen induzierten pluripotenten Stammzellen (hiPSC) wurden über 10 Tage zu hirnkapillar-ähnlichen Endothelzellen (hiPSC-BCEC) differenziert. B. Die hiPSC-BCEC wurden mit SARS-CoV-2 infiziert und die virale RNA des Zellkulturüberstandes wurde im Anschluss quantifiziert. Ebenso wurden die hiPSC-BCEC mit 4 % Formalin fixiert und mit Immunfluoreszenz analysiert. (Erstellt mit BioRender.com)

3.5 Infektion und Fixierung der infizierten Zellen für Immunfluoreszenz und RNA-FISH-Färbungen

Um die Zellen für die mikroskopische Betrachtung mit Immunfluoreszenz oder RNA-FISH-Färbungen vorzubereiten, wurden 8-Napf-Kammerobjektträger mit Poly-L-Lysin beschichtet und über Nacht bei 37 °C inkubiert. Anschließend wurden 20.000 Zellen pro Napf auf die Kammerobjektträger ausgesät. Die zu testenden Substanzen wurden in der gewünschten Endkonzentration am nächsten Tag zugegeben und anschließend mit 50 µl SARS-CoV-2-Überstand (MOI 10) infiziert. 24 h nach der Infektion wurde der Zellkulturüberstand abgenommen und die Zellen zweimal mit PBS gewaschen. Zur Fixierung der Zellen wurden diese 15 min mit 4 % Histofix inkubiert. Nach der Fixierung wurde erneut mit PBS gewaschen und die Zellen anschließend aus dem S3-Labor ausgeschleust. Die Zellen wurden für die Immunfluoreszenz vorbereitet oder mit 70 % Ethanol überschichtet und bis zur RNA-FISH-Hybridisierung durch Dr. Jan Schlegel oder Linda Stelz (AG Sauer, Lehrstuhl für Biotechnologie und Biophysik, Würzburg) bei 4 °C aufbewahrt.

3.6 Infektion und Fixierung der Zellen für Elektronenmikroskopie

Für die Elektronenmikroskopie der behandelten und infizierten Zellen wurden 5.000.000 Huh-7-Zellen in 10 cm-Schalen ausgesät. Die Zellen wurden ggf. mit den Substanzen in der jeweiligen Endkonzentration inkubiert und anschließend mit 5 ml SARS-CoV-2 (MOI 10) infiziert. Nach 24 h wurden die Zellen mit ATV trypsiniert, gesammelt und durch Zentrifugation bei 2.000 rpm 15 min pelletiert. Mit 4 % Glutaraldehyd wurden die Zellen 15 min fixiert. Nach einem Waschschritt mit PBS wurden die Zellen erneut in 4 % Glutaraldehyd aufgenommen und bis zur Einbettung durch Daniela Bunsen (AG Stigloher) bei 4 °C aufbewahrt. Die elektronenmikroskopischen Aufnahmen erfolgten von mir am „Scanning" Transmissions-Elektronenmikroskop JEOL JEM-1400 Flash.

3.7 Serum-Neutralisationstest bei SARS-CoV-2-Infektion

Um die neutralisierende Wirkung von Antikörpern gegenüber SARS-CoV-2 aus humanem Blut zu bestimmen, wurden jedem Probanden 5 ml Vollblut in einem EDTA-Röhrchen abgenommen. Das Serum wurde durch Zentrifugation bei 1.500 × g, 25 min bei 4 °C abzentrifugiert und anschließend 1:10, 1:100 und 1:1000 mit DMEM verdünnt. In jedes Eppendorfreaktionsgefäß wurden 200 µl dieser Verdünnungen vorgelegt. Als Kontrolle wurden 200 µl DMEM ohne Serumsverdünnung zugegeben. Die Verdünnungen wurden nun 1 h mit 1,5 µl SARS-CoV-2-Überstand (MOI 1) bei Raumtemperatur (RT) inkubiert und resuspendiert. Mit je 100 µl Serum-SARS-CoV-2-Gemisch wurden Vero-Zellen in Duplikaten in einer 48-Napf-Platte infiziert. Nach drei Tagen Infektion wurde die virale RNA aufgereinigt und mit RT-qPCR die virale Genommenge quantifiziert.

3.8 Bestimmung der Infektiosität von Viren

Die Infektiosität der Viren wurde virusspezifisch mit RT-qPCR (SARS-CoV-2 und Influenza A) oder mit indirekten Nachweismethoden (mCMV und HIV-1) analysiert. Die Bestimmung der Infektiosität mit RT-qPCR erfolgte wie beschrieben, zunächst durch Aufreinigung der viralen RNA mit anschließender Quantifizierung der viralen Genomkopienanzahl mit RT-qPCR.

Zur Bestimmung der HIV-1-Infektiosität wurde mit einer X-Gal-Färbung durchgeführt (Tabelle 3.2).

Tabelle 3.2 Zusammensetzung der X-Gal-Färbelösung

X-Gal-Färbelösung:	5 mM $K_3[Fe(CN)_6]$; 5 mM $K_4[Fe(CN)_6]$; 4 mM X-Gal (5-Brom-4-Chlor-3-Indolyl-ß-D-Galactopyranosid); 2 mM $MgCl_2$; PBS

Die HIV-1-infizierten TZM-Indikatorzellen wurden nach 48 h Infektion mit PBS gewaschen, mit einem eiskalten Aceton:Methanol-Gemisch 5 min fixiert und erneut in drei Waschschritten mit PBS gewaschen. Der indirekt Nachweis der HIV-1-infizierten Zellen erfolgte mit einer X-Gal-Färbung. 40 µl X-Gal-Färbelösung wurden pro Napf hinzugegeben und 2 h im Inkubator bei 37 °C inkubiert. Die HIV-1-infizierten Zellen färbten sich durch eine enzymatische Reaktion der ß-Galactosidase an und konnten unter dem Lichtmikroskop Leica DMi 8 ausgezählt werden.

Die Infektiosität der mCMV-Kultur wurde anhand deren Expression von GFP und RFP bestimmt. Nach einer dreitätigen Infektion wurde die Anzahl der GFP- bzw. RFP-exprimierenden Zellen mit dem Ensight Multimode Plattenmessgerät bestimmt.

3.9   Bestimmung der ACE2-Expression auf der Cytoplasmamembran

Um die ACE2-Expression verschiedener Zelllinien zu bestimmen, wurden Zellen von Dr. Teresa Klein (AG Sauer, Lehrstuhl für Biotechnologie und Biophysik, Würzburg) in 6-Napf-Platten ausgesät. Nach 48 h Kultivierung wurden diese mit eiskaltem PBS gewaschen und mit 1 ml Accutase 5 min inkubiert. Die Zell-Dissoziation wurde durch Mediumzugabe gestoppt und die Zellen wurden durch Zentrifugation bei 1.000 rpm, 4 min pelletiert. Das Zellpellet wurde in 4 % PFA resuspendiert und 15 min inkubiert. Im Anschluss wurden die Zellen dreimal mit PBS gewaschen und in 1 ml FACS-Puffer aufgenommen. Für die nachfolgende durchflusszytometrische Analyse wurden pro Zelllinie 5.000.000 Zellen mit 3 µg/ml anti-ACE2-AF648 Antikörper (Biolegend, von AG Sauer mit Alexa Fluor 648 konjugiert) 1 h bei 4 °C inkubiert. Anschließend erfolgte die Durchflusszytometrie-Messung mit dem FACSCalibur (Becton Dickinson).

3.10   Bestimmung der Infizierbarkeit von Zellen

Nach Analyse der ACE2-Expression verschiedener Zelllinien wurde die SARS-CoV-2-Infizierbarkeit der jeweiligen Zelllinie bestimmt. Hierzu wurden verschiedene Zelllinien von Dr. Teresa Klein in 4-Napf-Kammerobjektträger ausgesät. Ein Napf wurde mit 0,5 µl SARS-CoV-2 (MOI 1) infiziert und in drei Verdünnungsstufen auf die weiteren Näpfe titriert. Nach 24 h Infektion wurden die Zellen mit PBS gewaschen und mit 4 % Histofix 15 min fixiert. Daraufhin folgten zwei Waschschritte mit PBS. Das PBS wurde abgenommen und die Zellen wurden mit 100 µl 0,2 % Triton-X 100 5 min permeablisiert, bevor sie erneut mit PBS gewaschen wurden. Anschließend wurden die Zellen mit 100 µl 5 % BSA 1h bei 4 °C inkubiert. Der Primärantikörper SARS-CoV-2 Nukleokapsid (GeneTex) wurde 1:200 verdünnt zugegeben und über Nacht bei 4 °C inkubiert. Am nächsten Tag wurden die Zellen dreimal mit PBST gewaschen und 1 h mit dem 1:200 verdünntem Alexa Fluor 594 konjugierten Esel-anti-Kaninchen-IgG Antikörper gefärbt. Nach erneuten Waschschritten mit PBST, wurde die Zellkerne mit dem „NucBlue^{TM} Fixed Cell Ready Probes^{TM}" Reagenz angefärbt und die Anzahl der infizierten Zellen durch Auszählen unter dem Mikroskop Leica DMi8 bestimmt.

3.11   Transfektion mit siRNA

Zum spezifischen „Gene-Silencing" mit RNAi-Interferenz wurden die Zelllinien Vero *h-slam* und Huh-7 in 48-Napf-Platten ausgesät. Die Zellen wurden anschließend mit siRNAs unter Verwendung des Lipofectamine RNAiMAX Reagenzes (Invitrogen) nach Herstellerangabe revers transfiziert. Hierzu wurden je Transfektion 3 pmol siRNA und 0,7 µl Lipofectamine RNAiMAX Reagenz mit 50 µl serumfreiem OptiMEM versetzt. Das Transfektionsreagenz wurde tropfenweise dem Zellkulturüberstand in Triplikaten zugegeben. 5 h nach der Zugabe wurde das Medium gewechselt und die Zellen mit 0,5 µl SARS-CoV-2 (entspricht einer MOI von 1) infiziert. Nach drei Tagen erfolgte die Aufreinigung der viralen RNA sowie die Quantifizierung der viralen RNA-Menge mit RT-qPCR.

3.12   Aufreinigung der viralen RNA aus Zellkulturüberstand

Die Bestimmung der Genomkopienzahl mittels RT-qPCR aus den Zellkulturüberständen 72 h nach der Infektion lieferte Aussagen über die Virusreplikation. Die Zellen wurden wie zuvor beschrieben (siehe Kapitel 3.4), mit den Substanzen inkubiert und anschließend mit SARS-CoV-2 infiziert. Das Medium wurde 24 h danach gegen Medium mit den Substanzen ausgetauscht. Nach 72 h wurden 250 µl Zellkultur-überstand abgenommen und mit 125 µl MagNA Pure LC Total NA Lyse/Bindungspuffer inaktiviert. Die virale RNA wurde mit dem MagNA Pure 24 System (Roche) vollautomatisiert aufgereinigt und in 100 µl eluiert (Tabelle 3.3).

Tabelle 3.3 Zusammensetzung der Bindungspuffers zur Inaktivierung der viralen RNA

Bindungspuffer „High Pure Viral Nucleic Acid" Kit:	Bindungspuffer (6 M Guanidin-HCl, 10 mM Tris-HCl, 10 mM Harnstoff, 20 % Triton X-100); 1 mg/ml Poly(A) Träger-RNA, 20 mg/ml Proteinase K

Zum Teil wurde die virale RNA auch mit dem „High Pure Viral Nucleic Acid" Kit (Roche) isoliert. Hierzu wurde nach drei Tagen Infektion 200 µl Zellkulturüberstand abgenommen und mit 250 µl Bindungspuffer versetzt. Dies wurde bei 72 °C, 10 min inkubiert, um die virale RNA zu inaktivieren. Die viralen RNAs wurden mit dem „High Pure Viral Nucleic Acid" Kit (Roche) nach Herstellerangabe isoliert und in 50 µl eluiert.

3.13 Isolation der zellulären RNA

In ähnlicher Weise wurde die Gesamt-RNA aus den Zellen isoliert. Nach 24 h Infektion wurden die Zellen nach den Anweisungen des Herstellers mit 350 µl TRK-Lysepuffer lysiert und mit einem Zellscharber gesammelt. 100 µg der Gesamt-RNA wurde mit dem E.Z.N.A. Total RNA Kit I (Omega) isoliert. Die Quantifizierung erfolgte mit RT-qPCR und deren Ergebnisse wurden auf die GAPDH-Expression normalisiert.

3.14 Biochemische Isolation der Lysosomen

Zur Aufreinigung und Isolation der lysosomalen Kompartimente wurde das „Lysosome Isolation Kit" (Abcam) eingesetzt. Zunächst wurden 10.000.000 Huh-7-Zellen in einer 10 cm-Schale ausgesät und mit den Substanzen in der jeweiligen Endkonzentration inkubiert. Anschließend erfolgte eine Infektion mit 5 ml SARS-CoV-2-Zellkulturüberstand (MOI 10). 24 h danach wurden die Zellen mit PBS gewaschen, mit ATV trypsiniert und vereint gesammelt. Die Zellen wurden durch Zentrifugation bei 2.000 rpm, 10 min sedimentiert. Nachdem das Zellpellet in 1,5 ml Isolationspuffer resuspendiert wurde, wurden sie mit einem vorgekühlten Glas-Homogenisator homogenisiert. Die nicht notwendigen zellulären Bestandteile wurden durch Zentrifugation bei 2.000 rpm, 10 min erneut pelletiert und verworfen. In der Zwischenzeit wurde ein 4 ml fünfschichtiger diskontinuierlicher Gradient gegossen und anschließend mit dem Überstand überschichtet. Die Dichtegradientenzentrifugation erfolgte 2 h bei 145.000 × g und 4 °C mit dem „Swing-out"-Rotor SW60 Ti. Die Lysosomenfraktion wurde im oberen 1/10 des Gradienten abgenommen und mit 3,5 ml sterilem PBS verdünnt. Anschließend wurden die Lysosomen durch Zentrifugation über einen OptiPrep^{TM}-Gradienten 1 h bei 215.000 × g und 4 °C mit dem „Swing-out"-Rotor SW60 Ti sedimentiert. Das Lysosomenpellet wurde in 100 µl PBS 15 min auf Eis inkubiert und resuspendiert.

3.15 Bestimmung der viralen Genomkopien mit RT-qPCR

Nach Aufreinigung der viralen oder zellulären RNAs wurden die viralen RNA-Genome durch RT-qPCR mit dem „Dual-Target SARS-CoV-2 RdRP RTqPCR Assay" Kit (Roche) oder mit „RNA Process Control PCR" Kit (Roche) mit einem LightCycler 480 II (Roche) quantifiziert. Hierbei wurden virusspezifisch kommerziell erhältliche Primer und Hydrolyse-Sonden (TIB Molbiol) eingesetzt. Die Reaktionsansätze wurden gemäß den Angaben des Herstellers angesetzt (Tabelle 3.4).

Tabelle 3.4 RT-qPCR-Reaktionsansatz gemäß „Dual-Target SARS-CoV-2 RdRP RTqPCR Assay" Kit

	Komponente	Volumina
vorbereiteter Reaktionsansatz für RT-qPCR	RT-Enzyme (200-fach konzentriert)	0,1 µl
	RT-qPCR Reaktionsmix (5-fach konzentiert)	4 µl
	Virusspezifisches Reagenz (enthält Primer und Hydrolyse-Sonde)	0,5 µl
	Wasser, PCR-rein	10,4 µl

Zur Amplifikation wurden 15 µl Reaktionsansatz mit 5 µl aufgereinigter viraler RNA genutzt, welche in Duplikaten aufgetragen wurden. Als Positivkontrolle wurde der mitgelieferte Standard eingesetzt und als Negativkontrolle Nuklease/DNA/RNA-freies H_2O. Die 96-Napf-PCR-Platte wurde mit einer Folie versiegelt und 2 min bei 2.000 rpm abzentrifugiert. Die RT-qPCR wurde nach dem folgenden Programm mit einem LightCycler 480 II (Roche) durchgeführt (Tabelle 3.5):

Tabelle 3.5　Ablauf des PCR-Programm für den LightCycler 480 II

PCR-Programm	Zyklus	Temperatur	Zeit
Reverse Transkription	1	55 °C	5 min
Denaturierung	1	95 °C	5 min
Amplifikation	45	95 °C	5 s
		60 °C	15 s
		72 °C	15 s
Kühlen	1	40 °C	30 s

Die Genom-Kopienzahlen wurden mit der LightCycler-Software Version 1.5 unter Verwendung der mitgelieferten Positivkontrolle als Standard bestimmt.

3.16　Fluoreszenzmarkierung der viralen Membran

Die Herstellung der fluoreszenz-markierten Viren besteht aus drei Schritten. Im ersten Teil wurden Viren kultiviert und der Virusüberstand in einer hohen Konzentration aufgereinigt. Hierzu wurde der Virusüberstand bei 2.000 rpm 10 min abzentrifugiert und anschließend über ein 20 % Sucrose-Kissen geschichtet. Zur hoch-konzentrierten Aufreinigung wurde eine Gradienten-Ultrazentrifugation bei 40.000 rpm, 2 h bei 4 °C mit dem „Swing-out"-Rotor SW60 Ti durchgeführt. Die flüssige Phase wurde abdekandiert, die Pellets getrocknet und in insgesamt 300 µl PBS resuspendiert. Nach einer 15 min Inkubation auf Eis wurden mit der Virussuspension Zellen in einer 6-Napf-Platte infiziert. Je nach Virusspezies wurde nach 6 h bzw. 24 h das Medium gegen 2 ml DMEM + 10 % FCS ausgewechselt. Die Zugabe des fluoreszenz-markierten DOPE-ATTO-643 erfolgte 24 h bzw. 48 h danach. Hierzu wurde der Farbstoff DOPE-ATTO-643 1:1000 mit Medium verdünnt und 1 h bei 37 °C erwärmt. Die Farbstoffsuspension wurde anschließend in vier Näpfen der 6-Napf-Platte zugefüttert. Im letzten Teil der Herstellung der Viren wurden die fluoreszenz-markierten Viren erneut hoch-konzentriert über ein 20 % Sucrose-Kissen mit Ultrazentrifugation aufgereinigt. Das gefärbte Viruspellet wurde in 50 µl PBS 15 min auf Eis inkubiert und resuspendiert. Im Anschluss konnte der fluoreszenz-markierte Virus für Infektionsexperimente genutzt werden. Hierbei wurde zunächst die Infektiosität des gefärbten Virus im Vergleich zum Wildtypvirus bestimmt. Danach wurde der virale Eintritt mit Superauflösungs-Mikroskopie visualisiert.

3.17 Membranfärbung von Zellen

Um den viralen Eintritt zwei- bzw. dreidimensional an einer Lebendzelle zu verfolgen, wurde die Zellmembran von NIH-3T3-Zellen angefärbt. Hierzu wurden die NIH-3T3-Zellen in 8-Napf-Kammerobjektträger ausgesät. Die Zytoplasmamembran der NIH-3T3-Zellen wurde mit dem „MemBrite Fix Cell Surface Staining 568/580" Kit (Biotium) nach Herstellerangabe angefärbt. Im letzten Schritt der Färbung wurde die Färbelösung durch FluoroBrite^{TM} DMEM mit 10 % FCS ersetzt.

3.18 Lokalisation der Substanz durch Click-Chemie mit Fluorophor

Mit Click-Chemie über eine Azid-Alkin-Cycloaddition (SPAAC) wurde die getestete Substanz AKS-466 intrazellulär kolokalisiert. Hierzu wurden Zellen in einem 8-Napf-Kammerobjektträger ausgesät und mit der Substanz 24 h inkubiert. Nach einem Waschschritt mit PBS wurde der fluoreszenz-markierte Click-Farbstoff DBCO-BODIPY in einer Endkonzentration von 4 µM zugegeben und 15 min bioorthogonal mit der Substanz konjugiert. Noch freie Click-Farbstoffmoleküle wurden anschließend durch zweimaliges Waschen mit PBS entfernt. Die Zellen wurden in DMEM-Kultivierungsmedium gelagert und von Dr. Jan Schlegel (AG Sauer) in Lebendzellaufnahmen fluoreszenzmikroskopisch analysiert.

3.19 Bestimmung des lysosomalen pH-Wertes

Die Veränderung des lysosomalen pH-Wertes wurde mit dem pHrodo^{TM} Succinimidylester (Invitrogen) bestimmt. Zellen wurden in 8-Napf-Kammerobjektträger ausgesät und mit den Substanzen in der jeweiligen Endkonzentration inkubiert. 24 h nach Substanzzugabe wurde der lysosomale pH-Wert mit dem pHrodo^{TM} Succinimidylester nach Herstellerangabe bestimmt. Die Färbung und mikroskopischen Aufnahmen wurden in Zusammenarbeit mit Linda Stelz (AG Sauer) durchgeführt. Anhand der Signalintensität wurde der pH-Wert näherungsweise bestimmt.

Ergebnisse

4

Zur Untersuchung der Replikation, der Pathogenität und der Therapie von SARS-CoV-2 wurden neue Methoden entwickelt, um die folgenden Fragestellungen zu untersuchen.

4.1 Infektionsmodell zum Verständnis der SARS-CoV-2 Pathogenese

Um die SARS-CoV-2 Replikation, die Infektion und Pathogenese an Organen zu verstehen, müssen organspezifische Infektionsmodelle etabliert werden. In unseren vorangegangenen Studien hat unsere Arbeitsgruppe bereits mit Präzisiongeschnittenen humanen Lungenscheiben (Bachelorarbeit Nina Geiger, eigene Publikation: [43]) und maturierten Maus-Aortenzellen [15] solche Modelle aus den hauptsächlich betroffenen Organen entwickelt. Im Folgenden wird ein Modell der Blut-Hirn-Schranke entwickelt und die Infektion mit SARS-CoV-2 etabliert.

Ergänzende Information Die elektronische Version dieses Kapitels enthält Zusatzmaterial, auf das über folgenden Link zugegriffen werden kann https://doi.org/10.1007/978-3-658-43071-9_4.

N. Geiger, *Charakterisierung des Wirkmechanismus von Selektiven Serotonin-Wiederaufnahme-Inhibitoren (SSRI) bei Infektion mit SARS-CoV-2*, BestMasters, https://doi.org/10.1007/978-3-658-43071-9_4

4.1.1 Die Blut-Hirn-Schranke dient als Eintrittsweg für SARS-CoV-2 in cerebrale Strukturen

Bei systematischen SARS-CoV-2-Infektionen wurden häufig Schäden und Funktionsstörungen von Organen außerhalb des Respirationstraktes wie z. B. der Niere, Leber, Herz und Gehirn beobachtet [101]. Im Falle von neurologischen und neuropsychiatrischen Symptomen berichteten eine erhebliche Anzahl an Patienten von Schwindel, Kopfschmerzen, Enzephalitis und auch Psychosen [102, 103]. Erste Studien wiesen SARS-CoV-2 RNA und Proteine in Gehirnstrukturen nach. Deren Ergebnisse blieben aber aufgrund der geringen Viruslast höchst umstritten, da eine Kontamination aus dem Blutgefäßsystem nicht ausgeschlossen werden konnte. Weiterhin war unklar, ob die neurologische Komplikationen direkt auf eine neurale Infektion hindeuten oder die Folgeerscheinung einer systematischen Erkrankung sind [101, 102, 104].

Klassische Tiermodelle sind nur begrenzt in der Lage, die Symptome einer COVID-19-Erkrankung zu rekapitulieren. Zusätzlich erfordert dies eine nicht physiologische, transgen-vermittelte Überexpression des humanen SARS-CoV-2-Rezeptors ACE2 im entsprechenden Tiermodell oder einen an den Modellorganismus angepassten Virusstamm, der dieselben Symptome hervorruft, die bei einer humanen SARS-CoV-2-Infektion üblich sind [105, 106]. Um SARS-CoV-2-Infektionen zu erforschen, wurde aufgrund des fehlenden idealen Replikationssystems, bisher auf Zelllinien zurückgegriffen. Zelllinien rekapitulieren jedoch nicht die humane Zellphysiologie, ihnen fehlt z. B. das Immunsystem und möglicherweise auch essentielle Proteine, die den Eintritt des Virus ermöglichen. Zu diesen wichtigen Schlüsselproteinen gehören bei einer SARS-CoV-2-Infektion ACE2, TMPRSS2 oder Neurophilin-1 (NRP-1) (Abbildung 4.1) [107, 108].

Da SARS-CoV-2-Infektionen in erster Linie die Atemwege betreffen, wurde zunächst intensiv an einem patienten-nahen Modell der Atemwege, insbesondere der Lunge geforscht. Ich habe ein auf humanen PCLS basierendes Infektionssystem mit SARS-CoV-2 aufgebaut und beschrieben (eigene Publikation: [43]). Hierbei wurde bereits das Antidepressivum Fluoxetin, welches zuvor *in vitro* eine antivirale Aktivität aufzeigte, auf seine antiviralen Effekte in dem patienten-nähesten Modell analysiert (eigene Publikation: [43]).

Um die neurologischen Komplikationen einer SARS-CoV-2-Infektion zu analysieren, und darzulegen, dass auch cerebrale Zellen infiziert werden können, wurde in Kooperation mit dem Fraunhofer Institut ITMP in Hamburg und dem Lehrstuhl für Tissue Engineering und Regenerative Medizin der Universität Würzburg ein patienten-nahes Blut-Hirn-Schranken-Infektionsmodell etabliert. Dieses wurde im weiteren Verlauf mit SARS-CoV-2 infiziert.

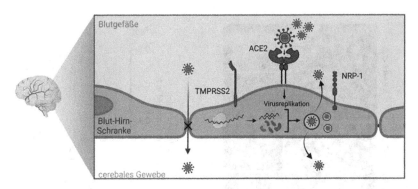

Abbildung 4.1 SARS-CoV-2 tritt über die Schlüsselproteine ACE2, TMPRSS2 und NRP-1 in cerebrale Strukturen ein und nutzt dabei die Blut-Hirn-Schranke. (Erstellt mit BioRender.com)

Hierzu wurden hiPSC-basierte Blut-Hirn-Schranken-Endothelzellen (hiPSC-BCEC) und die Kontrolllinie hCMEC/D3 über 10 Tage hinweg ausdifferenziert (AG Antje Appelt-Menzel, Lehrstuhl für Tissue Engineering und Regenerative Medizin, Würzburg) und in 4-Napf-Objektträger ausgesät. Die hiPSC-BCEC-Organoide wurden anschließend im S3-Labor 24 h in einer MOI von 0,1; 1 und 10 mit SARS-CoV-2 infiziert. Die Kontrolllinie hCMEC/D3 wurde ebenfalls mit SARS-CoV-2 in einer MOI von 10 infiziert. 24 h nach der Infektion wurden die Zellen mit PBS gewaschen und mit einer 4 % Formalin-Lösung 24 h fixiert und aus dem S3-Labor ausgeschleust. Die nicht-infizierten Zellen wurden ebenso fixiert. In diesen Organoiden wurde anschließend von der Arbeitsgruppe von Dr. Ole Pless (Fraunhofer Institut ITMP, Hamburg) mit einem anti-N-Protein-Antikörper (Sino Biologicalor, 1:1000) das N-Protein von SARS-CoV-2 angefärbt. Zudem wurden die Zellkerne mit einer DAPI-Färbung und die doppelsträngige RNA mit Hilfe eines interkalierenden Farbstoffes visualisiert (Abbildung 4.2).

SARS-CoV-2 infizierte das Blut-Hirn-Schranken-Modell hiPSC-BCEC, wie durch die fluoreszenz-mikroskopischen Aufnahmen gezeigt wurde. Die nicht-infizierten Kontrollen, zeigten keine anti-SARS-CoV-2 N-Protein Antikörper-Signale (Abbildung 4.2, A.). Des Weiteren wurde die doppelsträngige RNA, welche grün in den infizierten hiPSC-BCEC dargestellt ist, lokalisiert. Damit wurde gezeigt, dass in den Zellen aktiv Virus repliziert wird (Abbildung 4.2, A.). Daraufhin wurde die Infizierbarkeit der hiPSC-BCEC in unterschiedlichen

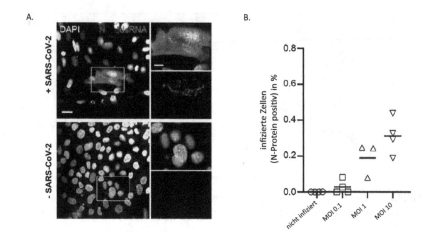

Abbildung 4.2 Repräsentative fluoreszenzmikroskopische Aufnahmen von SARS-CoV-2-infizierten hiPSC-BCECs, bei welchen das N-Protein von SARS-CoV-2 gefärbt ist (A.), sowie die Quantifizierung der infizierten hiPSC-BCEC (B.). hiPSC-BECs wurden mit SARS-CoV-2 in einer MOI von 10; 1 und 0,1 infiziert. 24 h nach der Infektion wurden die Zellen mit 4 % Formalin fixiert und mit N-Protein spezifischem SARS-CoV-2-Antikörper detektiert. SARS-CoV-2 N-Protein: rot; DAPI-Kernfärbung: weiß; dsRNA: grün. Maßstab: 25 μm (links), 10 μm (rechts). Entnommen aus Abbildung 2 b. + c. (eigene Publikation: [22])

Konzentrationsstufen überprüft. Hierzu wurden die SARS-CoV-2-infizierten Zellen mit dem anti-SARS-CoV-2 N-Protein Antikörper angefärbt und die Anzahl der infizierten und somit fluoreszierenden Zellen ausgezählt. Wie zu erwarten, stieg die Anzahl der infizierten Zellen mit der Menge an zugegebenem Virus. Bei einer MOI von 0,1 wurden lediglich 0,03 % der Zellen infiziert, während bei einer MOI von 1 etwa 0,2 % der Zellen infiziert wurden. Die SARS-CoV-2-Infektion mit einer MOI von 10 zeigte hingegen eine Infektionsrate von 0,3 % (Abbildung 4.2, B.). Zusammenfassend wurde anhand des Blut-Hirn-Schranken-Modells gezeigt, dass der Eintritt von SARS-CoV-2 in cerebrale Strukturen über die Blut-Hirn-Schranke ohne Zuhilfenahme von T-Zellen stattfindet. Ebenso wurde charakterisiert, dass während des Übertritts Replikation des Virus nachgewiesen wurde.

4.2 Analyse des Viruseintritts

Im folgenden Kapitel werden die Resultate zur Analyse des SARS-CoV-2-Eintritts in die Wirtszelle dargestellt. Hierbei wurde zunächst der Einfluss unterschiedlicher ACE2-Rezeptorexpression auf SARS-CoV-2 analysiert und eine Methode zur direkten Fluoreszenzmarkierung der viralen Membran etabliert.

4.2.1 Die ACE2-Expression bestimmt die Eintrittseffizienz von SARS-CoV-2

Um den Einfluss der ACE2-Membranexpression auf die Infektion mit SARS-CoV-2 zu untersuchen, wurde in Zusammenarbeit mit der Arbeitsgruppe von Prof. Dr. Sauer, die ACE2-Menge auf unterschiedlichen Zelllinien quantifiziert. Parallel zu dieser durchflusszytometrischen Analyse wurde die Infizierbarkeit der Zellen mit SARS-CoV-2 bestimmt.

Hierzu wurden Vero-, Vero E6-, HEK-293 T-, ACE2-überexprimierende HEK-293 T- und Cos-7-Zellen in unterschiedlichen Zellzahlen von Dr. Teresa Klein (AG Sauer, Lehrstuhl für Biotechnologie und Biophysik, Würzburg) ausgesät. Zunächst wurde die Expression der ACE2-Rezeptoren bestimmt. Dazu wurden die Zellen nach 48 h mit eiskaltem PBS gewaschen und anschließend mit Accutase 5 min inkubiert, sodass sich die Zellen ablösten. Die Zell-Dissoziation wurde durch Mediumzugabe gestoppt und die Zellen durch Zentrifugation pelletiert. Das Zellpellet wurde vorsichtig in 4 % PFA resuspendiert und 15 min inkubiert. Im Anschluss wurden die Zellen dreimal mit PBS gewaschen und in 1 ml FACS-Puffer aufgenommen. Für die nachfolgende durchflusszytometrische Analyse wurden pro Zelllinie $5 \cdot 10^6$ Zellen mit 3 µg/ml anti-ACE2-AF648 Antikörper (Biolegend, anti-humaner ACE2-Antikörper, von AG Sauer mit Alexa Fluor 648 konjugiert, Konzentration: 345 µg/ml) 1 h bei 4 °C inkubiert. Anschließend erfolgte die Durchflusszytometrie-Messung mit dem FACSCalibur (Becton Dickinson). Die gemessenen Daten wurden mit der Software FlowJo™ v10.8 ausgewertet (Abbildung 4.3).

Mit der durchflusszytometrischen Analyse wurde die Expression des Oberflächenrezeptors ACE2 bestimmt. Die Zelllinie Cos-7 exprimiert im Vergleich am wenigsten ACE2 auf ihrer Zelloberfläche, wohingegen HEK-293 T-Zellen mehr ACE2 exprimieren. Wie zu erwarten, zeigte die durchflusszytometrische Analyse der ACE2-überexprimierenden HEK-293 T-Zellen die höchste ACE2-Expression (Abbildung 4.3, B.). In einem weiteren Experiment wurde die ACE2-Expression von Vero und Vero E6 verglichen. Hierbei wurde dieselbe ACE2-Expression auf

Cos-7-Zellen und Vero-Zellen detektiert. Lediglich die Zelllinie Vero E6 exprimiert etwas mehr ACE2 als Cos-7-Zellen auf ihrer Zelloberfläche (Abbildung 4.3, C.). Die Zelllinie HEK-293 T-ACE2 exprimiert im Vergleich das meiste ACE2 auf der Zelloberfläche, gefolgt von Vero E6- und HEK-293 T-Zellen. Vero-Zellen und Cos-7-Zellen hingegen exprimieren im Vergleich am wenigsten ACE2.

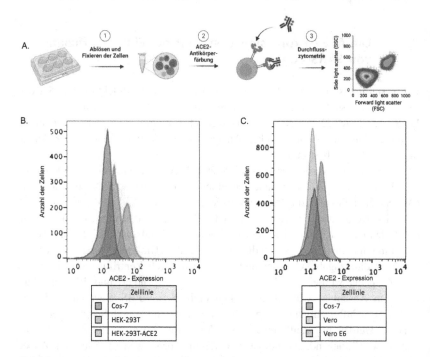

Abbildung 4.3 ACE2-Expression der Zelllinien Cos-7, HEK-293 T, HEK-293 T-ACE2, Vero, Vero E6. A. Schematische Darstellung der Durchführung einer Antikörperfärbung zur Bestimmung der Expression des ACE2-Rezeptors mit Durchflusszytometrie. Erstellt mit BioRender.com. B. Histogramm der ACE2-Expression der Zelllinien Cos-7 (grau), HEK-293 T (pink) und ACE2-transfizierten HEK-293 T (blau). C. Histogramm der ACE2-Expression auf der Zelloberfläche von Cos-7- (grau), Vero- (rot) und Vero E6-Zellen (grün)

Um den Einfluss der ACE2-Expression auf die Infizierbarkeit der jeweiligen Zelllinie zu untersuchen, wurden parallel Infektionsexperimente durchgeführt. Hierzu wurden die Zelllinie Vero, Vero E6, HEK-293 T, ACE2-überexprimierende HEK-293 T und Cos-7 von Dr. Teresa Klein auf 4-Napf-Kammerobjektträger ausgesät. Ein Napf wurde mit SARS-CoV-2 infiziert und in drei Verdünnungsstufen titriert. 24 h nach der Infektion wurden die Zellen mit PBS gewaschen, mit 4 % Histofix 15 min fixiert und erneut zweimal mit PBS gewaschen. Zur Vorbereitung der Immunfluoreszenz wurden die Zellen mit Triton-X100 5 min permeabilisiert, mit PBS gewaschen und anschließend 1 h mit 5 % BSA inkubiert. Über Nacht wurde der Primärantikörper SARS-CoV-2 Nukleokapsid 1:200 (Gene-Tex, Konzentration: 0,33 mg/ml) verdünnt, zugegeben und bei 4 °C verwahrt. Am darauffolgenden Tag wurden Zellen dreimal mit PBST gewaschen und mit dem 1:200 verdünnten Alexa Fluor 594-konjugierten Esel-anti-Kaninchen-IgG Antikörper (Jackson, Dianova, Konzentration: 0,5 mg/ml) gefärbt. Der Sekundärantikörper wurde 1 h bei RT schüttelnd inkubiert. Erneut wurden die Zellen dreimal mit PBST gewaschen. Die Anzahl der fluoreszierenden Zellen wurde im Anschluss durch Auszählen unter dem Mikroskop Leica DMi8 bestimmt (Abbildung 4.4).

Die Infizierbarkeit der Zelllinien mit SARS-CoV-2 korrelierte mit der ACE2-Expression. Die Zelllinie Cos-7 zeigte die geringste Infektionseffizienz mit SARS-CoV-2 (Abbildung 4.4, B.) und die geringste ACE2-Expression (Abbildung 4.3, B.–C.). Vero- und HEK-293 T-Zellen zeigten mehr infizierte Zellen (Abbildung 4.4, B.) und beide exprimierten mehr ACE2 (Abbildung 4.3, B.–C.). Vero E6 hingegen, wiesen im Vergleich zu physiologischen Vero-Zellen, eine erhöhte Infizierbarkeit auf (Abbildung 4.4, B.). Dies korrelierte mit dem Resultat der durchflusszytometrischen Analyse, wobei bestimmt wurde, dass Vero E6-Zellen im Vergleich zu Vero-Zellen mehr ACE2 exprimieren (Abbildung 4.3, C.). Die ACE2-transfizierte Zelllinie HEK-293 T (HEK-293 T-ACE2) zeigte die meisten infizierten Zellen, was zeigt, dass die Infizierbarkeit der Zelllinie auch mit der ACE2-Expression korreliert (Abbildung 4.3, Abbildung 4.4).

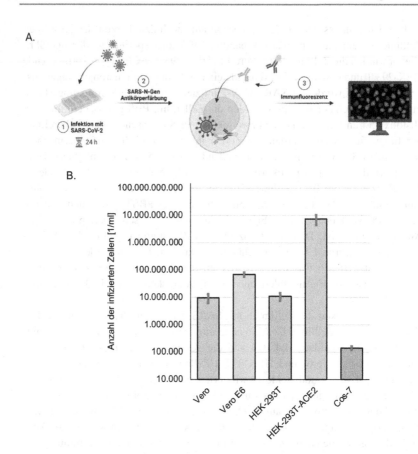

Abbildung 4.4 Die Infizierbarkeit mit SARS-CoV-2 ist Zelllinien-spezifisch. A. Schematische Darstellung der SARS anti-N-Protein-Immunfluoreszenz. Erstellt mit BioRender.com. B. Die Zelllinien wurden mit SARS-CoV-2 in vier Verdünnungsstufen infiziert. 24 h nach der Infektion wurden die Zellen fixiert und mit SARS-CoV-2 anti-N-Protein-Antikörper gefärbt. Die Anzahl der Antikörper-gefärbten Zellen wurde unter einem Fluoreszenzmikroskop bestimmt. (Säulen: Mittelwert der gefärbten Zellen dreier zufällig ausgewählter Bildausschnitte; Fehlerbalken: Standardabweichung)

4.2.2 Etablierung von RNAis gegen ACE2 und virale Transkripte zur antiviralen Therapie

Wie im vorherigen Abschnitt (4.2) gezeigt wurde, ist die ACE2-Expression eine Determinante für die Infizierbarkeit der Zelle. Deshalb stellt das spezifisches „Gene-Silencing" auf Grundlage von „small interfering RNAs" (siRNAs) eine vielversprechende Strategie dar, um therapeutisch den SARS-CoV-2-Eintritt oder die virale Replikation in die Wirtszelle zu verhindern, beziehungsweise einzuschränken. Hierfür wurden siRNAs entwickelt, welche zum einen auf den viralen Eintrittsrezeptor ACE2 wirken oder direkt auf die ORF1a/b-Region des SARS-CoV-2-RNA-Genoms abzielen. Die ORF1a/b-Region des SARS-CoV-2-Genoms kodiert die nicht-strukturellen Proteine (nsp) [100]. Diese siRNAs wurden von unserem Kooperationspartner Dr. Maik Friedrich vom Fraunhofer Institut für Zelltherapie und Immunologie, Leipzig erstellt (Abbildung 4.5).

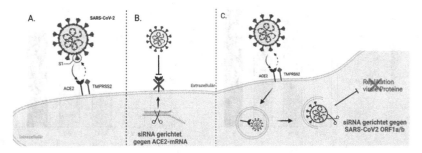

Abbildung 4.5 Graphische Zusammenfassung des siRNA „Gene-Silencing" des ACE2-Rezeptors (B.) und das gezielte Abschalten des nsp1-Genes, welches auf dem ORF1a/b kodiert ist (C.). A. Die physiologischen Bedingungen bei SARS-CoV-2 Anheftung an die Zelle, sowie B. die zielgerichtete Abschaltung der ACE2-mRNA durch siRNAs. C. Die gezielte Abschaltung der nsp1-kodierenden mRNA wurde ebenfalls durch siRNAs durchgeführt. (Erstellt mit BioRender.com)

Zum spezifischen „Gene-Silencing" mit siRNAs wurden zunächst die Zelllinien Vero *h-slam* und Huh-7 in 48-Napf-Platten ausgesät. Die Zellen wurden mit den unterschiedlichen siRNAs mit Lipofectamine RNAiMAX Reagenz (Invitrogen) nach Herstellerangabe in Triplikaten revers-transfiziert. Hierbei wurden pro Transfektion 3 pmol siRNA und 0,7 µl Lipofectamine RNAiMAX Reagenz in 50 µl serumfreiem OptiMEM eingesetzt. Als Kontrollen wurden die

Silencer Negativkontrolle #1 siRNA (Thermo Fisher Scientific) und nicht transfizierte Zellen verwendet. Die siA1 ist dabei gegen Bereiche im Exon 1 des
ACE2 Gens gerichtet (Abbildung 4.5, B.). 5 h nach der siRNA-Transfektion
wurde das Medium gewechselt und mit SARS-CoV-2 (MOI 1) infiziert. Nach
einer Infektionsdauer von drei Tagen wurden die Zellkulturüberstände abgenommen, mit MagNA Pure LC Total NA Lyse/Bindungspuffer (Roche) inaktiviert
und aus dem S3-Labor ausgeschleust. Die virale RNA wurde nach Herstellerangabe mit dem MagNA Pure 24 System (Roche) isoliert und in 100 µl eluiert.
Die RT-qPCR erfolgte mit dem LightMix Modular Sarbecovirus SARS-CoV-2
Kit (TIB Molbiol) und dem LightCycler 480 II (Roche). Die Anzahl der viralen
Genomkopien wurde im Anschluss mit der LightCycler 480 SW 1.5.1 Software
bestimmt (Abbildung 4.6).

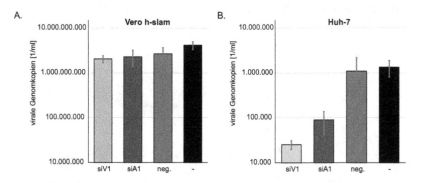

Abbildung 4.6 siRNA-vermittelte Inhibition der SARS-CoV-2-Replikation auf Vero h-
slam- und Huh-7-Zellen. A. Vero h-slam- und B. Huh-7-Zellen wurden mit unterschiedlichen
siRNAs (siV1/siA1) und Kontroll-siRNAs (neg.) transfiziert und 5 h danach mit SARS-CoV-
2 infiziert. Nach drei Tagen wurde die virale RNA isoliert und durch RT-qPCR quantifiziert.
Nicht transfizierte Zellen wurden als Kontrolle (−) eingesetzt (Säulen: Mittelwert der biologischen Triplikate; Fehlerbalken: Standardabweichung)

Die RNAi-Interferenz wurde auf Vero *h-slam-* und Huh-7-Zellen bestimmt.
Hierbei wurde beobachtet, dass die Transfektion der Zelllinien Vero *h-slam* keine
Reduktion der viralen Genomkopien zeigte. Grund hierfür kann die schlechtere
Transfektionseffizienz der Vero *h-slam-*Zellen im Vergleich zu anderen Zelllinien
sein (Abbildung 4.6, A.).

Neben Vero *h-slam-*Zellen wurden die Auswirkungen der RNAi-Interferenz
auf der humanen Leberzelllinie Huh-7 untersucht. 72 h nach der Infektion wurden die viralen Genomkopien mit RT-qPCR bestimmt, wobei eine Inhibition

der Virusreplikation durch die siRNAs deutlich wurde. Es wurde ein Rückgang von fast zwei Größenordnungen (92 %) bei siA1 auf Huh-7-Zellen beobachtet (Abbildung 4.6, B.) (eigene Publikation: [100]). Dieses Resultat zeigt, dass die ACE2-Expression entscheidend für die Infizierbarkeit der Zellen ist und stimmt mit den Ergebnissen der Abschnitte 4.2–4.3 überein.

Ebenfalls wurde die Auswirkung der siV1 in der humanen Leberzelllinie Huh-7 analysiert. In vorangegangenen Analysen unserer Kooperationspartner Fraunhofer Institut IZI in Leipzig, wurde siV1 als effizienteste siRNA gegen SARS-CoV-2 beschrieben (Abbildung 4.5, C.; eigene Publikation: [100]). SiV1 wirkt gegen das Hauptprotein von SARS-CoV-2, welches die nsp1-kodierende Sequenz enthält. Die Transfektion mit siV1 bewirkte eine Hemmung von 1,2 Größenordnungen (98 %) (Abbildung 4.6, B.; eigene Publikation: [100]). SiV1 hemmt die SARS-CoV-2-Replikation mit einer höheren Effizienz als siA1. Die Daten deuten darauf hin, dass die ausgewählten Zielsequenzen der siA1 und siV1 hoch konserviert sind und ein vielversprechendes Ziel für therapeutische Interventionen darstellen.

4.2.3 Analyse des Viruseintritts mit direkt fluoreszenz-markierten Viren

Die Lipid-Doppelmembran behüllter Viren besteht hauptsächlich aus Phospholipiden und Cholesterol. Durch ihre amphiphilische Struktur lagert sich diese als Lipid-Doppelmembran zusammen. Phospholipide lassen sich in vier Klassen unterteilen: die neutral geladenen Phosphatidylcholine (PC), Phosphatidylethanolamine (PE), Sphingomyeline (SM), sowie die negativ geladenen Phosphatidylserine (PS). In der Lipid-Doppelschicht sind weitere virale Glykoproteine, zelluläre Oligosaccharide und Glykolipide eingebettet, die wiederum als Rezeptoren, Immunomarker und Adhäsionsmoleküle genutzt werden können.

Die Lipid-Doppelschicht von Membranen zeigt eine asymmetrische Verteilung der Phospholipide. Der äußere Teil der Lipid-Doppelschicht weist meist PC, SM und Glykolipide auf. Zudem ist hier die Menge an Cholesterol deutlich erhöht, woraus eine höhere Stabilität dieser Membran resultiert. Die innere Lipid-Doppelschicht ist durch das Vorhandensein von PS, PE sowie Phosphoinositolen (PI) gekennzeichnet. Die Innenseite wird zudem durch weniger Cholesteroleinlagerungen vernetzt, wodurch sie weniger stabil ist (Abbildung 4.7).

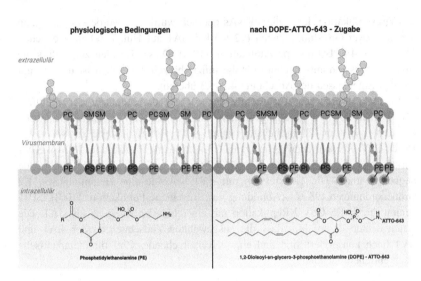

Abbildung 4.7 Schematischer Aufbau der Virushüllmembran unter physiologischen Bedingungen und nach DOPE-ATTO-643-Zugabe. Im unteren Teil der Abbildung sind die Strukturformeln des Phosphatidylethanolamins und des DOPE-ATTO-643 gezeigt. Phosphatidylcholin (PC): Blau-grau; Sphingomyelin (SM): Orange; Phosphatidylethanolamin (PE): Rosé; Phosphatidylserin: Dunkelgrün; Phosphatidylinositol (PI): Lila; Cholesterol-Bausteine: Grau; Glykolipide: Türkis. (Erstellt mit BioRender.com)

Um die Infektionskinetik der Viren SARS-CoV-2, HIV-1, Influenza A, Gelb-fieber und Maus-CMV zu analysieren, wurde in Kooperation mit Dr. Jan Schlegel und Linda Stelz (AG Sauer, Lehrstuhl für Biotechnologie und Bio-physik, Würzburg) eine Methode zum direkten Markieren der Viren etabliert. Die Viren wurden so ausgewählt, dass die Methode für unterschiedliche Mem-branen getestet werden konnte, da die Membran von HIV-1 und Influenza A aus der Zytoplasmamembran [109–112] und die Membran von SARS-CoV-2 aus dem Endoplasmatischem Retikulum – Golgi Intermediat-kompartiment (ERGIC) gebildet werden [113]. Die Virusmembran von Gelbfieberviren hingegen wird vermutlich aus der Membran des ER gebildet und die der mCM-Viren aus der murinen Zytoplasmamembran [114, 115]. Deshalb ist die Membranzusammenset-zung der verschiedenen Viren unterschiedlich. Die Membran von SARS-CoV-2 enthält hauptsächlich PC, PS und PE sowie einen Cholesterolgehalt von etwa 10 % [116]. Die Membranen von Influenzaviren sind reich an Phosphatidyletha-nolamin [117], die von HIV-1 hingegen enthält große Mengen an Cholesterol und Sphingolipid Dihydrosphingomyelin [109]. Die Membranzusammensetzung von Gelbfieber ist durch große Mengen an PI charakterisiert [118]. Durch die unterschiedliche Membranzusammensetzung der Viren war zunächst unklar, ob alle Membranen den Farbstoff ausreichend inkorporieren und ob die Viren nach der Inkorporation noch infektiös sind.

Die Membranfärbung erfolgte durch Inkorporation des ATTO-643-fluoreszenz-markierten Phospholipid 1,2-Dioleoyl-sn-glycero-3-phosphoethanolamine (DOPE)-ATTO-643. Hierbei wurde über die Inkubation mit DOPE-ATTO-643 ein Austausch der Phosphatidylethanolamine in der Membran mit DOPE-ATTO-643 initiiert [119] (Abbildung 4.7).

4.2.3.1 Herstellung von fluoreszenz-markierten Viren

Zur Herstellung von Viren, deren Membran durch das fluoreszenz-markierte Phospholipid DOPE-ATTO-643 markiert ist, wurden zunächst die Virenstämme von SARS-CoV-2, HIV-1, Influenza A und Gelbfieber über mehrere Passagen hinweg ko-kultiviert. Die Herstellung bestand aus drei Schritten (Abbildung 4.8):

1. Gewinnung hoch-konzentrierter Viren zur Infektion der Virus-produzierenden Zellen,
2. Produktion der fluoreszenz-markierten Viren,
3. Aufreinigung und Konzentration der fluoreszenz-markierten Viren.

Um die kultivierten Virusüberstande in einer hohen Konzentration aufzureinigen, wurde zunächst eine Ultrazentrifugation über ein 20 % Sucrose-Kissen durchgeführt. Hierzu wurden zunächst die infektiösen Zellkulturüberstände bei 2000 rpm 10 min abzentrifugiert, um die Zellen abzutrennen. Anschließend wurde in sechs 4,4 ml-Zentrifugationsröhrchen 1 ml 20 % Sucrose vorgelegt und diese mit den abzentrifugierten Virusüberstanden überschichtet. Zur hoch-konzentrierten Aufreinigung wurde eine Gradienten-Ultrazentrifugation bei 40.000 rpm, 2 h bei 4 °C mit dem „Swing-out"-Rotor SW60 Ti durchgeführt. Danach wurde die flüssige Phase abdekandiert, die Pellets wurden getrocknet und auf Eis in insgesamt 300 µl sterilem PBS resuspendiert und 15 min inkubiert. Dies entspricht einer 68-fachen Anreicherung.

Anschließend wurden die Zellen (Vero h-slam- (SARS-CoV-2 und Gelbfieber), MT-4 (HIV-1) oder MDCK-Zellen (Influenza A)) in einer 6-Napf-Platte mit 300 µl des hoch-konzentrierten Virusüberstandes infiziert. Bei Gelbfieber ist 6 h nach der Infektion und bei SARS-CoV-2 und Influenza A 24 h nach der Infektion ein Mediumswechsel mit 2 ml DMEM-Medium mit 10 % FCS durchgeführt worden, sodass im Weiteren nur noch Virus analysiert wird, der

von den Zellen aufgenommen und repliziert wurde. Die Zugabe des ATTO-643-fluoreszenz-markierten DOPE (ATTO-TEC, Konzentration: ~ 5 mM) erfolgte virusspezifisch nach 24 h (HIV-1 und Gelbfieber) oder 48 h (SARS-CoV-2 und Influenza A).
Der Farbstoff DOPE-ATTO-643 wurde mit Medium in einer Verdünnung von 1:1000 1 h bei 37 °C inkubiert und im Anschluss in vier Näpfen der 6-Napf-Platte zugefüttert. Die verbliebenen infizierten Näpfe dienten zur Infektiositätskontrolle. Am Tag nach der Inkubation mit DOPE-ATTO-643 wurden die markierten Viren und unmarkierten Viren als Kontrolle erneut aufgereinigt. Hierfür wurde der Zellkulturüberstand entnommen und gesammelt. Erneut wurden die zellulären Bestandteile bei 2.000 rpm, 10 min pelletiert. Anschließend wurden die DOPE-markierten Viren erneut über einen 1 ml 20 % Sucrose-Kissen durch Ultrazentrifugation pelletiert. Hierzu wurde bei 40.000 rpm, 1,5 h bei 4 °C mit dem „Swing-out"-Rotor SW60 Ti zentrifugiert. Nach dem Abdekandieren des Überstandes aus den Zentrifugationsröhrchen, war ein deutliches blaues Pellet zu erkennen. Die Pellets wurden anschließend in je 50 µl sterilem PBS 15 min auf Eis inkubiert und resuspendiert (Abbildung 4.8).

Abbildung 4.8 Schematische Darstellung der Herstellung und Aufreinigung der fluoreszenz-markierten DOPE-ATTO-643-Viren. (Erstellt mit BioRender.com)

4.2.3.2 Die Infektiosität der fluoreszenz-markierten Viren ist nicht reduziert

In einer weitergehenden Analyse wurde die Infektiosität der fluoreszenz-markierten DOPE-ATTO-643-Viren im Vergleich zu den ungefärbten Viren bestimmt. Hierzu wurden die aufgereinigten fluoreszenz-markierten Viren und die dazugehörigen ungefärbten aufgereinigten Viren eingesetzt. Über virusspezifische Nachweise wurde die Infektiosität dieser Viren vergleichend analysiert. Die Infektiosität der SARS-CoV-2- und Influenza A-Viren wurde mit RT-qPCR bestimmt. Hierzu wurden Vero *h-slam-* (SARS-CoV-2) und MDCK-Zellen (Influenza A) auf einer 48-Napf-Platte ausgesät. Nach dem Pelletieren und Resuspendieren der aufgereinigten Viren wurden die Zellen in Triplikaten mit DOPE-ATTO-643-Virus und Kontrollvirus infiziert. 24 h nach der Infektion wurde das Medium gewechselt, die Zellkulturüberstände wurden 72 h später abgenommen und mit MagNA Pure LC Total NA Lyse/Bindungspuffer inaktiviert. Die virale RNA wurde mit dem MagNA Pure 24 Systems (Roche) isoliert und in 100 µl eluiert. Die virusspezifische Quantifizierung der aufgereinigten viralen RNA erfolgte mit RT-qPCR unter Verwendung des LightMix Modular Sarbecovirus SARS-CoV-2 Kits bzw. des LightMix Modular Influenza A (InfA M2) Kits (TIB Molbiol). Die RT-qPCR wurde mit dem LightCycler 480 II (Roche) durchgeführt und mit der Software LightCycler 480 1.5.1 ausgewertet (Abbildung 4.9, A.).

Die Bestimmung der Infektiosität des SARS-CoV-2- und des Influenza A-Virus zeigte, dass die Färbung der Virushüllmembran mit dem fluoreszenzmarkierten DOPE-ATTO-643 zu keinem signifikanten Unterschied der Infektiosität führte (Abbildung 4.9, B.–C.).

Im nächsten Schritt wurde die Infektiosität der markierten HI-1-Viren und mCM-Viren im Vergleich zu den ungefärbten Kontrollen bestimmt. Für die Analyse des HIV-1-Experimentes wurden TZM-Indikatorzellen in einer 96-Napf-Platte ausgesät und in sechs Replikaten mit aufgereinigtem DOPE-ATTO-643-HIV-1 und ungefärbten HIV-1 infiziert. Anschließend wurde der zugegebene Virusüberstand in vier Schritten auf TZM-Zellen titriert. Hierzu wurden 10 µl infizierter Zellkulturüberstand entnommen und auf weitere 100 µl Zellkulturmedium überführt. Die dabei entstandene 1:10 – Verdünnung wurde zwei weitere Male auf eine Verdünnung von 1:100 und 1:1000 titriert. Nach zwei Tagen Inkubation wurden die infizierten Zellen mit PBS gewaschen, mit eiskaltem Aceton/Methanol-Gemisch 5 min fixiert, und im Anschluss erneut dreimal mit PBS gewaschen. Um die Anzahl der HIV-1-infizierten Zellen zu bestimmen, wurde eine X-Gal Färbung durchgeführt. Nach einer 2-stündigen Inkubation im Inkubator bei 37 °C färbten sich die HIV-1-infizierten Zellen durch die enzymatische Reaktion der ß-Galactosidase blau. Die Anzahl der blau gefärbten Zellen konnte unter dem Mikroskop Leica DMi8 bestimmt werden (Abbildung 4.10, A.).

Die Anzahl der X-Gal-gefärbten Zellen zeigte keinen Unterschied zur Kontrolle, wodurch sich bestätigte, dass die Inkorporation von DOPE-ATTO-643 in die Virusmembran, keinen Einfluss auf die Infektiosität des HIV-1-Stammes hatte (Abbildung 4.10, B.).

Zuletzt wurde die Infektiosität des DOPE-ATTO-643-gefärbten mCMV im Vergleich zu dem ursprünglichen mCMV-Stamm bestimmt. Hierzu wurde eine optische 96-Napf-Platte mit NIH-3T3-Zellen ausgesät. Noch vor den fluoreszenzmikroskopischen Lebendzellaufnahmen, wurden die NIH-3T3-Zellen in je sechs

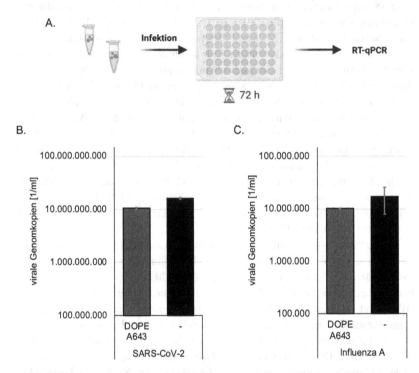

Abbildung 4.9 Bestimmung der Infektiosität von DOPE-ATTO-643-gefärbtem SARS-CoV-2 (B.) und Influenza A (C.) im Vergleich zum Wildtyp-Virus. A. Schematische Darstellung der Versuchsdurchführung zur Bestimmung der Infektiosität mit RT-qPCR. Erstellt mit BioRender.com. B. + C. Bestimmung der viralen Infektiosität des DOPE-ATTO-643 gefärbten SARS-CoV-2 und Wildtyps (B.) sowie die Infektiosität des DOPE-ATTO-643 gefärbten Influenza A und die des Wildtyps (C.). DOPEA643: DOPE-ATTO-643; –: Wildtypvirus (Säulen: Mittelwert der biologischen Triplikate; Fehlerbalken: Standardabweichung)

Replikaten mit gefärbtem und ungefärbtem mCMV infiziert. Der infizierte Zellkulturüberstand wurde anschließend in drei Schritten titriert. Drei Tage nach der Infektion wurde die Anzahl der GFP-exprimierenden Zellen mit Hilfe des Ensight Multimode Plattenmessgerätes bestimmt. Die Anzahl an GFP-exprimierenden Zellen entspricht der Anzahl an Virus-infizierten Zellen (Abbildung 4.10, A.). Das Resultat zeigt, dass der Einbau des fluoreszenz-markierten Phospholipids DOPE-ATTO-643 in die mCM-Virusmembran die Infektiosität nicht veränderte (Abbildung 4.10, C.).

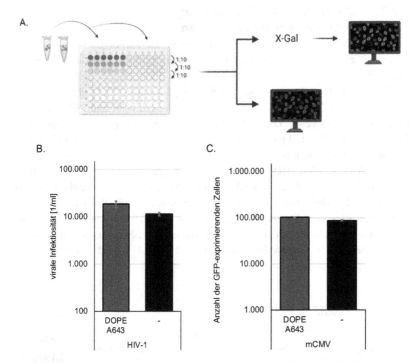

Abbildung 4.10 Bestimmung der Infektiosität von DOPE-ATTO-643-gefärbten HIV-1 (B.) und mCMV (C.) im Vergleich zum Wildtyp-Virus. A. Schematische Darstellung der Versuchsdurchführung zur Bestimmung der Infektiosität bei HIV-1 und mCMV. Erstellt mit Bio-Render.com. B. + C. Bestimmung der viralen Infektiosität des DOPE-ATTO-643 gefärbten HIV-1 und des Wildtyp-HIV-1 (B.) sowie des DOPE-ATTO-643 gefärbten mCMV und des Wildtyp-mCMVs (C.). DOPEA643: DOPE-ATTO-643; –: Wildtypvirus (Säulen: Mittelwert der biologischen Triplikate; Fehlerbalken: Standardabweichung)

Zusammenfassend stellen die Resultate dar, dass die Infektiosität der unterschiedlichen Viren durch das Inkorporieren des fluoreszenz-markierten Phospholipids DOPE-ATTO-643 nicht beeinflusst wurde. Dies ermöglichte im weiteren Verlauf des Projektes eine detaillierte Visualisierung des viralen Eintritts der unterschiedlichen Viren.

4.2.3.3 Mikroskopische Visualisierung der fluoreszenz-markierten Viren

Nachdem bei der Bestimmung der Infektiosität der markierten Viren und der Wildtyp-Viren dieselbe Infektiosität nachgewiesen wurde, konnte der Viruseintritt visualisiert werden.

Hierzu wurden virusspezifisch zwei 8-Napf-Kammerobjektträger mit Vero *h-slam-* (SARS-CoV-2 und Gelbfieber), TZM- (HIV-1) und MDCK-Zellen (Influenza A) ausgesät. Diese wurden nach dem Resuspendieren mit 50 μl DOPE-ATTO-643-gefärbter Virussuspension pro Napf infiziert. Da bei human-pathogenen Viren aufgrund der biologischen Sicherheitsstufe S2 (Influenza A) oder S3 (SARS-CoV-2, HIV-1 und Gelbfieber) keine Lebendzellaufnahmen mög-lich waren, wurden die Zellen 10 min und 20 min nach der Infektion fixiert. Hierzu wurden die infizierten Zellen wurden zunächst mit 400 μl kaltem PBS gewaschen und anschließend 15 min mit 4 % Histofix kovalent vernetzt. Nach dem Fixierungsschritt wurden die Zellen erneut mit PBS gewaschen und bis zur Aufnahme bei 4 °C aufbewahrt (Abbildung 4.8 + 4.11 + 4.12 + 4.13).

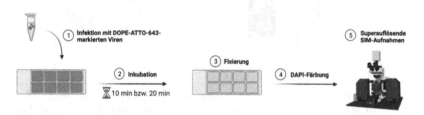

Abbildung 4.11 Schematische Darstellung der Infektion mit DOPE-ATTO-643-markierten Viren und der mikroskopischen Visualisierung. (Erstellt mit BioRender.com)

Vor der Aufnahme wurden die Zellkerne mit Hoechst34580 angefärbt. Diese Färbung und die Mikroskopaufnahmen erfolgte durch Linda Stelz und Dr. Jan Schlegel, wobei die Zellen mit Superauflösungs-SIM (*„structured illuminiation microscopy“*) am ZEISS Elyra 7 mit strukturierter Beleuchtung und optischem Gitter (Lattice SIM) aufgenommen wurden. Für die Aufnahmen am Lattice SIM (ZEISS Elyra 7), sowie für die nachfolgende Prozessierung wurde die Software ZEN Black (ZEISS) verwendet.

Die SIM-Aufnahmen zeigen die Infektion der Zellen mit SARS-CoV-2 (Abbil-dung 4.12, A.–B.) und HIV-1 (Abbildung 4.12, C.–D.). Bereits 10 min nach der Infektion war bei den SARS-CoV-2 infizierten Zellen ein Anheften des Virus an die Zytoplasmamembran ersichtlich, was durch den ACE2-Repzetor initiiert

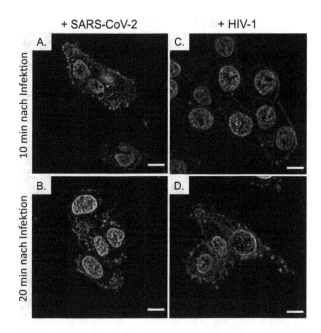

Abbildung 4.12 SIM-Aufnahmen der Infektion von fluoreszenz-markiertem SARS-CoV-2 und HIV-1 10 min und 20 min nach Infektion. A.–B. Vero h-slam-Zellen wurden 10 min (A.) und 20 min (B.) mit DOPE-ATTO-643 markiertem SARS-CoV-2 infiziert und anschließend fixiert. C.–D. TZM-Zellen wurden 10 min (C.) und 20 min (D.) mit DOPE-ATTO-643 markiertem HIV-1 infiziert und fixiert. DOPE-ATTO-643 markierte Viren: Magenta; DAPI-Kernfärbung: Cyan. Maßstab: 10 μm

wird. Ebenso wurde die Fusion mit der Plasmamembran, welche durch TMPRSS2 initiiert wird, durch die DOPE-ATTO-643-gefärbte Plasmamembran ersichtlich (Abbildung 4.12, A.). 20 min nach der Infektion wurden bereits weniger membrangebundene SARS-Co-2-Viren sichtbar, was darauf schließen lässt, dass die Viren bereits von den Zellen aufgenommen wurden (Abbildung 4.12, B.).

Daneben wurde der Eintritt mit fluoreszenz-markiertem HIV-1 visualisiert. 10 min nach der Infektion zeigen sich in diesem Bildausschnitt wenig angeheftete Viren an der Plasmamembran (Abbildung 4.12, C.). Die Aufnahme der HIV-1-infizierten Zellen nach 20 min Infektion zeigt hingegen eine ausgeprägte Färbung der Zytoplasmamembran, was darauf schließen lässt, dass der Eintritt der Viren durch Fusion mit der Plasmamembran gerade stattfindet oder bereits stattgefunden hat (Abbildung 4.12, D.).

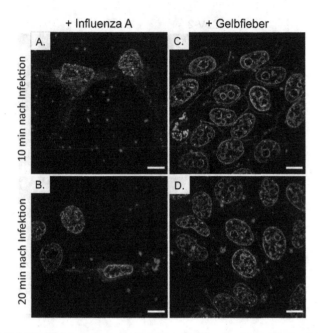

Abbildung 4.13 SIM-Aufnahmen der Infektion von fluoreszenz-markiertem Influenza A und Gelbfieber 10 min und 20 min nach Infektion. A.–B. MDCK-Zellen wurden 10 min (A.) und 20 min (B.) mit DOPE-ATTO-643 markiertem Influenza A infiziert und mit 4 % Histofix fixiert. C.–D. Vero h-slam-Zellen wurden 10 min (C.) und 20 min (D.) mit DOPE-ATTO-643 markiertem Gelbfieber infiziert und fixiert. DOPE-ATTO-643 markierte Viren: Magenta; DAPI-Kernfärbung: Cyan. Maßstab: 10 μm

Anhand der SIM-Aufnahmen wurde die Infektion mit Influenza A und Gelb-fieber visualisiert. Nach 10 min Infektion der MDCK-Zellen mit Influenza A war bereits eine starke Färbung im Zytoplasma zu beobachten, was charakteris-tisch für die Virusaufnahme über Endosomen ist. Zudem waren noch frei diffuse fluoreszenz-markierte Influenza A-Viren sichtbar (Abbildung 4.13, A.). Die Auf-nahme nach 20 min Infektion zeigte ebenfalls eine, mit fluoreszenz-markierten Influenza A-Viren bedeckte Zellmembran und weniger freie Influenza A-Viren im fixierten Zellkulturüberstand. Daraus resultiert, dass nach 20 min die meisten Viren bereits in die Zelle eingetreten sind und der ATTO-643-Farbstoff sich in Endosomen befindet (Abbildung 4.13, B.). Bei einer Infektion mit fluoreszenz-markiertem Gelbfiebervirus wurde nach 10 min eine schnelle Rezeptorbindung der Viren an der Zelloberfläche sichtbar. Fast die gesamte Zelloberfläche der aufgenommenen Ebene ist mit DOPE-ATTO-643-markierten Gelbfieberviren besetzt (Abbildung 4.13, C.). Nach einer Infektionsdauer von 20 min waren ausschließlich fluoreszenz-markierte Vesikel zu beobachten, was darauf schließen lässt, dass der virale Eintritt in die Zelle in Form von Endosomen bereits stattgefunden hat (Abbildung 4.13, D.). Zusammenfassend konnte die Fluoreszenz-Markierung der unterschiedlichen Viren etabliert werden trotz der verschiedenen Membranzusammensetzung. Ebenso wurde der Viruseintritt der unterschiedlichen Viren detailliert betrachtet und es konnte der zeitliche Ablauf des viralen Eintritts in die Zelle verdeutlicht werden.

4.2.3.4 Visualisierung einer mCMV-Infektion in einer Lebendzelle

Um Bindungskinetiken analysieren zu können, muss der Viruseintritt in die Zelle dreidimensional aufgenommen werden. Nachdem wir durch die fluoreszenzmikroskopische SIM-Aufnahmen gezeigt hatten, dass die Färbung verschiedener Viruspartikel mit einem fluoreszenz-markierten Phospholipid etabliert ist, wurde in Kooperation mit der Arbeitsgruppe von Prof. Dr. Sauer (Lehrstuhl für Biotechnologie und Biophysik, Würzburg) eine Infektion mit Maus-CMV (mCMV) erst im 2D-Bereich und anschließend dreidimensional in Lebendzellen visualisiert.

Hierzu wurde nach einer zweitägigen Kultivierung von mCMV die Virusmembran, wie unter 4.4.1 beschrieben, mit DOPE-ATTO-643 angefärbt. Um die mCMV-Infektion in einer 2D-Lebendzellaufnahme zu visualisieren, wurden 20.000 NIH-3T3-Zellen in 8-Napf-Kammerobjektträger ausgesät. Die Zellen wurden über Nacht im Inkubator bei 37 °C und einem CO_2-Gehalt von 5 % kultiviert wurden. Am Tag der Aufnahme wurden zusammen mit Linda Stelz die Membran der NIH-3T3-Zellen mit dem „MemBrite Fix Cell Surface Staining 568/580" Kit (Biotium) nach Herstellerangabe angefärbt. Im letzten Schritt der Färbung wurde die Färbelösung durch Lebendzell-Aufnahme-Medium mit 10 % FCS ersetzt. Daraufhin wurden die Zellen fluoreszenzmikroskopisch am ZEISS Elyra 7 Lattice SIM von Linda Stelz aufgenommen. Dabei wurden die Membran-gefärbten NIH-3T3-Zellen mit 25 µl DOPE-ATTO-643 markiertem mCMV infiziert. Mit dem ZEISS Elyra 7 Lattice SIM wurde die Lebendzelldynamik über 20 min aufgezeichnet, wobei im 10 Sekunden-Abstand je eine zwei-farbige Fluoreszenzaufnahme erstellt wurde. Die Aufnahmen und die anschließende Prozessierung erfolgten mit der Software ZEN Black (ZEISS). Die weitere Bearbeitung der Aufnahmen wurde mit der Software ImageJ (NIH) von Linda Stelz durchgeführt (Abbildung 4.14).

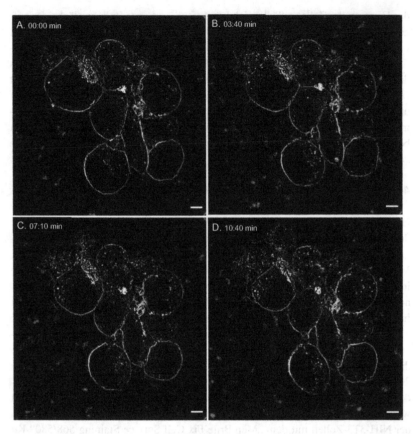

Abbildung 4.14 Zweidimensionale Lebendzellaufnahmen einer mCMV-Infektion mit dem ZEISS Elyra 7 Lattice SIM. A. Die Aufnahme wurden 30 Sekunden nach Zugabe des Virus gestartet. (Aufnahmezeit: – 00:30 min nach Infektion). B.–D. Zweidimensionale Lebendzellaufnahme (B.) 03:40 min, (C.) 07:10 min und (D.) 10:40 min nach Aufnahmestart. Zytoplasmamembran der NIH-3T3-Zellen: Gelb; DOPE-ATTO-643-markiertes mCMV: Magenta. Maßstab: 5 µm

Mit der zweidimensionalen Lebendzellaufnahme wurde die Infektion für 20 min verfolgt. Beispielhaft wurden in dieser Arbeit der Startzeitpunkt, sowie die Zeitpunkte 03:40 min und 07:10 min nach der Zugabe des fluoreszenzmarkierten mCMV visualisiert. Die Aufnahme des Startzeitpunktes erfolgte etwa

30 Sekunden nach Zugabe des Virus. Hierbei waren bereits einige mCMV-Partikel in näherer räumlicher Umgebung zu sehen (Abbildung 4.14, A.). Im weiteren Verlauf der Infektion wurde das Anheften der Viren an die Zytoplasmamembran beobachtet. Die initiale Anheftung wird durch die reversible Interaktion der Glykoproteine der mCM-Virushülle mit der Zellmembran vermittelt. Hierbei wurden immer wieder fluoreszenz-markierte Viren beobachtet, die sich an den zellulären Heparansulfat-Proteoglykanen anheften und diese Bindung nach einigen Sekunden wieder lösen (Abbildung 4.14, B.). Die eigentliche Infektion der Zelle wurde nach etwa 5 min beobachtet. Hierbei wurden an mehreren Stellen der Zytoplasmamembran die direkte Fusion der fluoreszenz-markierten Virushülle mit der Plasmamembran detektiert. Die Plasmamembran wurde im Verlauf der Infektion durch Fusion der Virushüllen vergrößert und vermehrt mit magenta-fluoreszierende Membranen markiert (Abbildung 4.14, C.–D.). Anhand der Lattice SIM-Aufnahmen wurde die Dynamik des mCM-Viruseintrittes in die Zelle beschrieben und visualisiert. Die Etablierung dieser Methode erlaubt es den Viruseintritt von unterschiedlichen Viren an einer Lebendzelle zu verfolgen.

Zeitgleich wurden 3D-Lebendzell-Aufnahmen am ZEISS Lattice Lightsheet 7 von Marvin Jungblut (AG Sauer, Lehrstuhl für Biotechnologie und Biophysik, Würzburg) aufgenommen. Auch hierbei wurden Membran-gefärbte NIH-3T3-Zellen, welche mit DOPE-ATTO-643 markiertem mCMV infiziert wurden, aufgenommen. Mit dem ZEISS Lattice Lightsheet 7 wurde die 3D-Lebendzelldynamik pro Sekunde aufgenommen. Für die Aufnahme der 3D-Lebendzellen und die anschließende Prozessierung wurde die Software ZEN Blue (ZEISS) verwendet. Die weitere Bearbeitung der Aufnahme erfolgte mit der Software Imaris (Oxford Instruments) (Abbildung 4.15).

Um die Infektion mit mCMV auch im dreidimensionalen Bereich zu visualisieren, wurden mit dem von ZEISS entwickelten Lattice Lightsheet 7 jede Sekunde Aufnahmen erstellt. Hierbei wurde die Infektion für etwa 5:30 min verfolgt. Anhand dieser Aufnahmen wurde zunächst die Zytoplasmamembran der gefärbten NIH-3T3-Zellen sichtbar. Die Zelloberfläche dieser Zellen war mit vielen Heparansulfat-Proteoglykanen bedeckt (Abbildung 4.15). Bereits wenige Sekunden nach der Infektion wurden fluoreszenz-markierte Viren deutlich, die sich dynamisch an die extrazelluläre Matrix der Zellen anheften. Die reversible Interaktion der mCM-Viren konnte dabei hochauflösend dargestellt werden. Im weiteren Verlauf der Infektion hefteten sich immer mehr Viruspartikel an der Plasmamembran an (Abbildung 4.15, B.–D.). In weitergehenden Analysen wäre es mit dieser Visualisierung möglich, die Bindungskinetiken einzelner Virionen zu untersuchen. Ebenso wäre ein Nachverfolgen eines einzelnen Viruspartikels denkbar, bis dieser mit der Plasmamembran fusioniert.

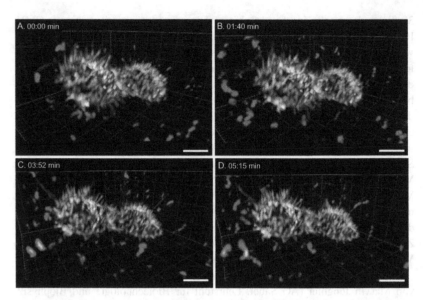

Abbildung 4.15 Dreidimensionale Lebendzellaufnahmen einer mCMV-Infektion mit dem ZEISS Lattice Lightsheet 7. A. Die Aufnahme wurde 30 Sekunden nach Zugabe des Virus gestartet (Aufnahmezeit: − 00:30 min nach Infektion). B.–D. Dreidimensionale Lebendzellaufnahmen (B.) 01:40 min, (C.) 03:52 min und (D.) 05:15 min nach Aufnahmestart. Zytoplasmamembran der NIH-3T3-Zellen: Gelb; DOPE-ATTO-643 markiertes mCMV: Magenta. Maßstab: 4 μm

4.3　Immunisierung durch Impfungen und Infektionen ist nicht ausreichend

Aus serologische Untersuchungen von Blutspenden auf SARS-CoV-2-Antikörper war bereits bekannt, dass nahezu in allen Patientenproben Antikörper gegen SARS-CoV-2 nachweisbar waren. Impfungen stellen nach wie vor eine wichtige Säule für den Schutz vor schwergradigen COVID-19-Erkrankungen dar. Im Folgenden wurde die neutralisierende Wirkung der vorhandenen Antikörper nach Impfung und/oder Infektion analysiert.

4.3.1 Die Antikörper gegen SARS-CoV-2 nach Impfung und Infektion genügen nicht

Um die seit Dezember 2020 grassierende SARS-CoV-2-Pandemie zu bekämpfen, wurden bis dato sechs verschiedene Impfstoffe durch das Paul-Ehrlich-Institut in Deutschland zugelassen [120]. Der hierbei erste zugelassene Impfstoff war der mRNA-Impfstoff *Comirnaty (BNT162b2)* von BioNTech gegen die alpha-Variante des Virus. Dieser wurde im Dezember 2020 zugelassen. Seit Ausbruch der COVID-19 Pandemie haben sich bis Dezember 2022 mehr als 642 Millionen Menschen mit SARS-CoV-2 infiziert. Knapp 6,63 Millionen Menschen starben mit oder aufgrund einer SARS-CoV-2-Infektion [1]. Trotz dreifacher Impfung infizieren sich immer wieder Menschen mit neuen Varianten von SARS-CoV-2. Im folgenden Experiment wurde die Neutralisation der SARS-CoV-2-Antikörper aus humanem Blutserum überprüft. Es wurden Seren von 4 verschiedenen Probanden untersucht. Proband 1 war hierbei dreifach gegen die SARS-CoV-2 alpha-Variante geimpft und hat sich nicht nachweislich mit SARS-CoV-2 infiziert. Serumspender 2 und 3 hingegen waren durch drei Impfungen immunisiert und haben sich zudem mit SARS-CoV-2 infiziert. Proband 2 hat eine Omikron-Infektion durchlaufen, während Proband 3 zweimal an COVID-19 (einmal an der Alpha-Variante (B.1.1.7) und einmal an der Omikron-Variante (B.1.1.529)) erkrankt war. Proband 4 hingegen hat sich bereits zu Beginn der COVID-19-Pandemie im März 2021 mit der Alpha-Variante (B.1.1.7) und im Oktober 2021 mit der Delta-Variante (B.1.617.2) infiziert und wurde im Folgenden einmal gegen SARS-CoV-2 geimpft [121].

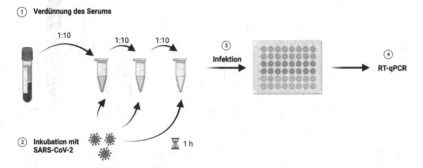

Abbildung 4.16 Schematische Darstellung der Durchführung eines Neutralisationstestes mit den aus Serum gewonnenen Antikörpern verschiedener Probanden. (Erstellt mit BioRender.com)

Zunächst wurden von jedem Probanden 5 ml Vollblut in einem EDTA-
Röhrchen entnommen. Das Serum wurde anschließend durch Zentrifugation bei
1500 × g und 4 °C abgetrennt. Dann wurden je 200 μl DMEM-Medium vorgelegt. Die Seren wurden anschließend 1:10, 1:100 und 1:1000 verdünnt und mit
12 μl SARS-CoV-2 versetzt (Abbildung 4.16). Als Kontrollen wurden 200 μl
DMEM-Medium ohne Blutserum ebenfalls mit 12 μl SARS-CoV-2, sowie 200 μl
DMEM-Medium ohne Blutserum mit 12 μl hitze-inaktiviertem SARS-CoV-2 infiziert. Anschließend wurden die Seren bei RT mit dem zugegebenen SARS-CoV-2
inkubiert. Nach einer einstündigen Inkubation wurde das Serum-SARS-CoV-2-
Gemisch erneut resuspendiert. Mit je 100 μl des Gemisches wurden nun in
Duplikaten Vero-Zellen in einer 48-Napf-Platte infiziert. Um die virale RNA zu
isolieren, wurde nach 72 h 200 μl Zellkulturüberstand mit 250 μl Bindungspuffer mit Poly(A) und Proteinase K versetzt. Dies wurde bei 72 °C 10 min
inkubiert und anschließend aus dem S3-Labor ausgeschleust. Die viralen RNAs
wurden mit dem „High Pure Viral Nucleic Acid" Kit (Roche) isoliert und in
50 μl eluiert. Die Quantifizierung der isolierten viralen RNA erfolgte in Triplikaten mit RT-qPCR. Zur Detektion der viralen Genomkopien wurde das Kit
LightMix Modular Sarbecovirus SARS-CoV-2 (TIB Molbiol) verwendet. Die RT-
qPCR wurde mit einem LightCycler 480 II (Roche) durchgeführt und die virale
Genommenge nach der AbsQuant-Methode (Software LightCycler 480 1.5.1)
quantifiziert (Abbildung 4.16, 4.17).

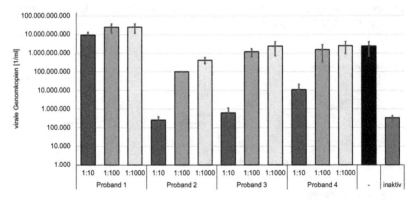

Abbildung 4.17 Neutralisationstest mit Probandenserum. Blutseren wurden in drei Verdünnungen mit SARS-CoV-2 1h bei RT inkubiert. Anschließend wurden Vero-Zellen damit
infiziert. Drei Tage nach der Infektion wurden die viralen RNAs mit RT-qPCR quantifiziert
(Säulen: Mittelwert der biologischen Duplikate; Fehlerbalken: Standardabweichung)

Im Neutralisationstest, der aus Blutserum gewonnenen Antikörpern wurde gezeigt, dass im Serum von Proband 1 keine neutralisierenden Antikörper vorhanden waren (Abbildung 4.17). Serum 2, 3 und 4 zeigten bei einer 1:10-Verdünnung eine neutralisierende Wirkung gegen SARS-CoV-2. Die niedrigeren Verdünnungen zeigen hingegen keine protektive Wirkung. Nur im Serum des Probanden 2 zeigte sich, auch bei einer Verdünnung von 1:100, eine Neutralisation von mehr als einer Größenordnung. Dies entspricht Titern, die bei anderen Infektionskrankheiten noch protektiv wirken. Dieses Serum neutralisierte das Virus auch bei einer Verdünnung von 1:1000 noch um 0,75 Größenordnungen.

Zusammenfassend zeigte sich, dass Proband 1, der dreifach geimpft wurde, nach 10 Monaten keine protektiven Antikörper hat, was den Probanden empfindlich für eine Reinfektion macht. Bei den Probanden 2 – 4 ergab sich bei einer Serumsverdünnung von 1:10 noch ein protektiver Schutz, während die niedrigeren Verdünnungsstufen ebenfalls keine Neutralisation von SARS-CoV-2 zeigten. Bei Proband 2 + 3 stellte diese Verdünnungsstufe möglicherweise bereits die untere Detektionsgrenze der durchgeführten RT-qPCR dar, da die inaktivierte Viruskontrolle eine ähnliche Anzahl an viralen Genomkopien detektierte. Diese Resultate zeigen, dass eine Impfung gegen SARS-CoV-2 oder Infektion mit SARS-CoV-2 nicht ausreichend ist, um genügend protektive und neutralisierende Antikörper gegen diese neuartige Erkrankung zu bilden. Daher ist die Forschung an neuentwickelten Medikamenten oder Medikamenten im „Off-Label" Einsatz weiterhin essentiell, um die COVID-19 Pandemie zu bekämpfen. Ebenso wichtig ist es für *in vitro* Studien ein geeignetes ideales Replikationssystem zu modellieren, damit die aus *in vitro* Studien gewonnenen Resultate auch im Patienten – also *in vivo* – erzielt werden können.

4.4   Indirekt wirkende Substanzen gegen SARS-CoV-2

Über Impfstoffe zur Immunisierung hinaus, besteht ein dringender Bedarf an neuen Behandlungsmöglichkeiten für COVID-19-Patienten. Daher möchte ich im nächsten Kapitel meiner Arbeit die charakterisierten indirekt wirkenden Substanzen gegen SARS-CoV-2 näher erläutern. Indirekt wirkende Substanzen sind Wirkstoffe, deren antivirale Aktivität durch reversible Hemmungen von enzymatischen Reaktionen hervorgerufen wird.

4.4.1 Die saure Ceramidase ist ein SARS-CoV-2 Wirtsfaktor

Bereits im März 2020 wurde in unserer Arbeitsgruppe mit der Forschung an der
„off-label"-Nutzung von Medikamenten gegen SARS-CoV-2 begonnen. Dabei
wurde durch *in vitro*-Experimente gezeigt, dass das Antidepressivum Fluoxetin
eine antivirale Wirkung gegen SARS-CoV-2 zeigt. Wie bereits in meiner Bachelorarbeit gezeigt und in Zimniak *et al.* publiziert, wurde ebenfalls ein antiviraler
Effekt bei der Infektion von humanen Präzisionsschnitten der Lunge (hPCLS)
unter Zugabe von Fluoxetin entdeckt (eigene Publikation: [43]). Fluoxetin wird
in der klinischen Anwendung als Selektiver Serotonin-Wiederaufnahme-Inhibitor
(SSRI) zur Behandlung von Depressionen, Zwangsstörungen und Bulimie eingesetzt. Die Wirkung beruht somit auf der Inhibition der Wiederaufnahme von
Serotonin in der Präsynapse. Infolgedessen steigt die Konzentration von Serotonin
im synaptischen Spalt an. Fluoxetin wird als SSRI in einer Endkonzentration von
20 mg/kg Körpergewicht *in vivo* eingesetzt. Dies entspricht dem gleichen Konzentrationsbereich, wie der Einsatz in unseren *in vitro*-Untersuchungen mit 1,6 µg/
ml, was in etwa 5,17 µM entspricht. Wie in Zimniak *et al.* veröffentlicht, wurden
zuvor bereits zwei weitere SSRI – Escitalopram und Paroxetin untersucht. Escitalopram und Paroxetin zeigten keinen antiviralen Effekt auf SARS-CoV-2 (eigene
Publikation: [43]), obwohl beide Substanzen wie auch Fluoxetin die ASM hemmen. Vor Beginn meiner Arbeit wurde dennoch beschrieben, dass Fluoxetin den
ACE2-vermittelten Viruseintritt durch Hemmung der ASM inhibiert. Dies kann
durch die fehlende antivirale Inhibition der beiden anderen SSRI ausgeschlossen
werden.

4.4.1.1 Synthese eines Fluoxetin-Derivates ohne ASM-Aktivität

Um den Mechanismus der Fluoxetin vermittelten Inhibition aufzuklären, wur-
den in Kooperation mit der Arbeitsgruppe von Prof. Dr. Jürgen Seibel, weitere
Fluoxetin-Derivate synthetisiert. Hierbei wurde basierend auf dem vorherigen
Ergebnis, dass der SSRI Escitalopram keine antivirale Wirkung hat, aber zu einer
Inhibition der ASM führt, ein Fluoxetin-Derivat entwickelt und synthetisiert, dass
keine Hemmung der ASM zeigt.

Die Substanz AKS-466 besitzt denselben aromatischen Kern wie Fluoxetin.
Jedoch wurde die Aminoseitenkette synthetisch verändert, wobei die Methylamin-
einheit durch ein Amid ersetzt wurde (Abbildung 4.18). Die Substanz AKS-466
trägt zudem eine Azido-Gruppe, die die Verbindung zur kupfer-katalysierten

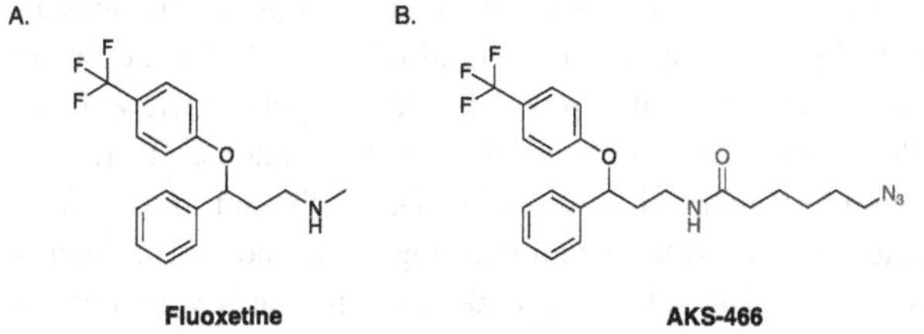

A.

B.

Fluoxetine   **AKS-466**

Abbildung 4.18 Strukturformel des kommerziell erhältlichen Fluoxetins (A.) und des Fluoxetin-Derivates AKS-466 (B.). Die Substanz AKS-466 wurde von Louise Kersting (AG Seibel) über mehrere Stufen synthetisiert. Amidgruppe/Peptidbildung: blau; Azido-Gruppe: rot

Azid-Alkin-Cycloaddition (CuAAC) und zur Click-Chemie mit Fluoreszenzfarbstoffen über eine Azid-Alkin-Cycloaddition (SPAAC) einsetzbar macht (Abbildung 4.18) [122, 123]. Das AKS-466 Racemat wurde in die beiden Enantiomere (R)-AKS-466 und (S)-AKS-466 getrennt und in weitergehenden Analysen wurde deren antivirale Aktivität gegen SARS-CoV-2 untersucht.

Nach Synthese des Fluoxetin-Derivates AKS-466 und dessen Enantiomeren wurde zunächst die ASM-Aktivität bestimmt. Hierzu etablierte Marie Sostmann (AG Bodem) ein ASM-Assay. Das Racemat AKS-466 und dessen R- und S-Enantiomere inhibieren im Gegensatz zu Fluoxetin, die ASM nicht (Bachelorarbeit Marie Sostmann, eigene Publikation: [99]).

4.4.1.2 Das Fluoxetin-Derivat AKS-466 inhibiert die Replikation in Zellkultur

Nachdem gezeigt werden konnte, dass AKS-466 sowie die Enantiomere (R)-AKS-466 und (S)-AKS-466 die Aktivität der ASM nicht beeinflussen, wurden das Fluoxetin-Derivat AKS-466 und die Enantiomere auf deren antivirale Aktivität gegen SARS-CoV-2 untersucht. Die antivirale Aktivität wurde zunächst auf drei Zelllinien Vero *h-slam*, Huh-7 und Calu-3 bestimmt. Ebenso wurden die zytotoxischen Effekte der Substanz AKS-466 auf allen verwendeten Zelllinien untersucht. Diese zeigten bei allen Zelllinien in einer Endkonzentration von 60 µM einen zytotoxischen Effekt (Die zugehörige Tabelle ist in Anhang 2.1 im elektronischen Zusatzmaterial einsehbar.) (eigene Publikation: [99]).

Die Zellen wurden jeweils in 48-Napf-Platten ausgesät, die Substanz AKS-466 wurde mit Medium zu den Endkonzentrationen von 3, 10 und 30 μM verdünnt und in biologischen Triplikaten pro Zelllinie zugegeben. Die Zellen wurden mit SARS-CoV-2 (MOI 1) infiziert. Nach 24 h Inkubationszeit erfolgte ein Mediumswechsel mit erneuter Substanzzugabe. Die Zellkulturüberstände wurden nach einer gesamten Infektionsdauer von drei Tagen abgenommen, durch Zugabe von MagNA Pure LC Total NA Lyse/Bindungspuffer inaktiviert und aus dem S3-Labor ausgeschleust. Die virale RNA wurde mit dem MagNA Pure 24 System (Roche) aufgereinigt und in 100 μl eluiert. Die Anzahl der viralen Genomkopien wurde unter Verwendung des LightMix Modular Sarbecovirus SARS-CoV-2 Kits (TIB Molbiol) mit dem LightCycler 480 II (Roche) bestimmt (Abbildung 4.19).

Das Fluoxetin-Derivat AKS-466 zeigt ab einer Endkonzentration von 10 μM eine signifikante antivirale Wirkung von einer Drittel Größenordnung auf Vero *h-slam*-Zellen (P-Wert: p = 0,506). Bei einer Konzentration von 30 μM hemmt AKS-466 die SARS-CoV-2-Replikation um eine dreiviertel Größenordnung (P-Wert: p = 0,033). Im Vergleich dazu inhibiert AKS-466 die Virusreplikation auf Huh-7-Zellen bei 30 μM deutlich stärker. Die Inhibition beträgt bei 30 μM 1,3 Größenordnungen (P-Wert: p < 0,001). Ebenso wurde die antivirale Wirkung der Enantiomere (R)-AKS-466 und (S)-AKS-466 bestätigt. Die antivirale Wirkung von Chloroquin in einer Endkonzentration von 10 μM und AKS-466 in einer Endkonzentration von 20 μM auf Calu-3-Zellen wurde zudem dargestellt (Abbildung 4.19, D.). Wie bereits publiziert, zeigt Chloroquin in Patienten mit SARS-CoV-2-Infektion keine Suppression der Virusreplikation [45]. Dies wurde durch das Resultat auf Calu-3-Zellen bestätigt. Chloroquin zeigt im Gegensatz zu Fluoxetin und AKS-466 keine inhibitorischen Effekte auf der physiologisch nähsten Zelllinie zu Patienten und stimmen mit den Resultaten der humanen PCLS überein. (eigene Publikationen: [47, 48]). Die Inkubation mit AKS-466 in einer Endkonzentration von 20 μM hingegen zeigt einen antiviralen Effekt um mehr als drei Größenordnungen (P-Wert: p = 0,0415) (Abbildung 4.19).

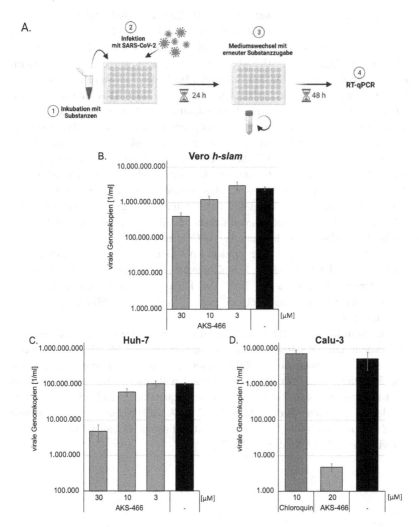

Abbildung 4.19 Die virale Replikation von SARS-CoV-2 wird auf den Zelllinien Vero h-slam (B.), Huh-7 (C.) und Calu-3 (D.) gehemmt. A. Schematische Darstellung der Versuchsdurchführung zur Bestimmung der antiviralen Aktivität mit RT-qPCR. Erstellt mit Bio-Render.com. B.–D. Vero h-slam- (B.), Huh-7- (C.) und Calu-3-Zellen (D.) wurden mit AKS-466 inkubiert und mit SARS-CoV-2 infiziert. Drei Tage nach der Infektion wurden aus den Zellkulturüberständen die virale RNA isoliert und die Anzahl der viralen Genomkopien mit RT-qPCR quantifiziert. Chloroquin: Negativkontrolle (Säulen: Mittelwert der biologischen Triplikate; Fehlerbalken: Standardabweichung)

4.4.1.3 AKS-466 inhibiert die SARS-CoV-2 RNA-Synthese

Da AKS-466 als antivirale Substanz gegen SARS-CoV-2 identifiziert wurde, konnte in den nachfolgenden Experimenten die virale RNA des SARS-Co-2-Virus unter Zugabe von AKS-466 näher untersucht werden. Hierzu wurden in Zusammenarbeit mit Dr. Jan Schlegel (AG Sauer, Lehrstuhl für Biotechnologie und Biophysik, Universität Würzburg) die virale RNA in Huh-7-Zellen durch Fluoreszenz-RNA *in situ* Hybridisierung (FISH) visualisiert. Es wurden 40.000 Huh-7-Zellen auf einen Kammerobjektträger ausgesät, welcher zuvor mit Poly-(L)-Lysin beschichtet wurde. Nach einem Tag Inkubationszeit wurden die Zellen mit der Substanz AKS-466 in einer Endkonzentration von 30 µM versetzt und mit SARS-CoV-2 (MOI 10) infiziert. Nach einer Infektionszeit von 24 h wurde der Zellkulturüberstand abgenommen. Die Zellen wurden zweimal mit PBS gewaschen, 15 min mit 4 % Histofix fixiert und anschließend erneut mit PBS gewaschen. Die Zellen wurden danach mit 70 % Ethanol überschichtet und bis zur RNA-FISH-Hybridisierung bei 4 °C aufbewahrt.

Mit RNA-FISH wurden die viralen RNA-Genome sowie die mRNAs von SARS-CoV-2 durch markierte komplementäre Fluoreszenz-RNA-FISH-Sonden nach Rensen *et al.* angefärbt [98]. Die RNA-FISH-Aufnahmen wurden von Dr. Jan Schlegel an einem ZEISS Elyra 7 mit Lattice SIM aufgenommen (Abbildung 4.20, A.).

Die Aufnahmen der RNA-FISH-Hybridisierung zeigten, dass während einer Behandlung mit AKS-466 in einer Endkonzentration von 30 µM deutlich weniger virale RNA innerhalb der Zellen detektiert wurde (Abbildung 4.20, a.–b.). Die Signalintensitäten wurden durch Sebastian Reinhard (AG Sauer, Lehrstuhl für Biotechnologie und Biophysik, Würzburg) quantifiziert und zeigten eine Verminderung der Intensität des SARS-CoV-2 RNA-FISH-Signales, bei Behandlung der Zellen mit AKS-466. Dies ist ein direkter Hinweis auf eine gestörte Synthese der viralen RNAs (Abbildung 4.20, B.).

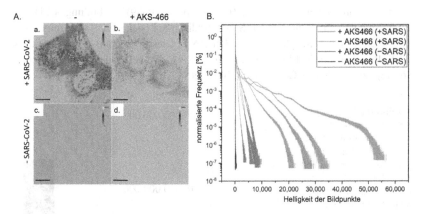

Abbildung 4.20 „Superresolution-structured illumination microscopy"-Nachweis der SARS-CoV-2 RNA in Huh-7-Zellen (A.) und bioinformatische Quantifizierung (B.). Huh-7-Zellen wurden mit AKS-466 inkubiert und 24 h mit SARS-CoV-2 infiziert. In AKS-466-behandelten Huh-7-Zellen (b.) wurde weniger RNA-Menge detektiert als in unbehandelten Zellen (a.). Bei den nicht-infizierten Zellen (c. + d.) ist kein RNA-FISH-Signal sichtbar. Maßstab: 10 μm. B. Quantifizierung der relativen Fluoreszenzintensitätshäufigkeiten

4.4.1.4 AKS-466 reduziert die SARS-CoV-2 RNAs in der Zelle

Die RNA-FISH-Hybridisierung zeigte, dass weniger SARS-CoV-2 RNAs intrazellulär vorhanden sind. Dies wurde anschließend biochemisch charakterisiert. Hierzu wurden 300.000 Huh-7-Zellen auf einer 6-Napf-Platte ausgesät. AKS-466 wurde am darauffolgenden Tag in einer Endkonzentration von 30 μM in Duplikaten zugegeben. Die Zellen wurden mit 20 μl SARS-CoV-2-Überstand infiziert und 24 h inkubiert. Anschließend wurden die Zellen mit TRK Lysepuffer lysiert und 100 μg Gesamt-RNA mit Hilfe des E.Z.N.A.® Total RNA Kit I (Omega Bio-Tek) nach Herstellerangabe isoliert. Die Quantifizierung erfolgte mit RT-qPCR unter Verwendung des LightMix Modular Sarbecovirus SARS-CoV-2 Kits (TIB Molbiol) mit dem LightCycler 480 II (Roche). Die zellulären Genomkopien wurden gegen GAPDH normalisiert. Die zellulären Genomkopien von SARS-CoV-2 wurden durch Zugabe von AKS-466 in einer Endkonzentration von 30 μM um

1,5 Größenordnungen supprimiert (P-Wert: p = 0,0689) (Abbildung 4.21). Es zeigte sich,wie durch die RNA-FISH-Hybridisierung (siehe 4.4.1.3) gezeigt, eine Verringerung der intrazellulären viralen RNA. Dieses Ergebnis legt nahe, dass AKS-466 ebenso wie Fluoxetin die virale RNA-Synthese oder die Freisetzung von replizierten SARS-CoV-2-Viren blockiert.

Abbildung 4.21
AKS-466 reduziert die virale RNA-Konzentration in Huh-7-Zellen. Huh-7-Zellen wurden mit AKS-466 in einer Endkonzentration von 30 µM inkubiert und mit SARS-CoV-2 infiziert. Die zelluläre RNA wurde isoliert und die virale RNA mit RT-qPCR quantifiziert. Anschließend wurden die Messwerte anhand des zellulären GAPDH-Gehaltes normalisiert (Säulen: Mittelwert der biologischen Duplikate; Fehlerbalken: Standardabweichung)

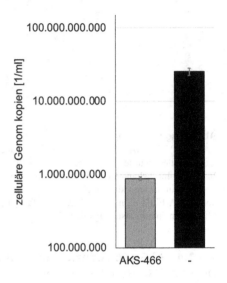

4.4.1.5 AKS-466 reichert SARS-CoV-2 im lysosomalen Replikationskompartiment an

Nachdem gezeigt wurde, dass die Zugabe von Fluoxetin oder AKS-466 einen direkten Einfluss auf die virale RNA-Expression hat, wurden die Replikationsorganelle und der Zusammenbau von SARS-Co-2-Viren untersucht. Hierzu wurde zunächst der Replikationsschritt charakterisiert, bei welchem AKS-466 Einfluss auf die virale Replikation nimmt. Anhand des Replikationszyklus von SARS-CoV-2 wurde beschrieben, dass SARS-CoV-2 für die Zusammensetzung und anschließende Freisetzung von Virionen lysosomale Kompartimente benötigt [29]. Zudem ist bekannt, dass Fluoxetin sich im Lysosom anreichert [124].

4.4.1.5.1 Ko-Lokalisierung von AKS-466 mit Lysosomen

Um die Lokalisation des Fluoxetin-Derivates AKS-466 *in vitro* zu bestimmen, wurden 20.000 Vero *h-slam*-Zellen auf einem 8-Napf-Kammerobjektträger ausgesät. AKS-466 wurde am darauffolgenden Tag in einer Endkonzentration von 15 μM zugegeben und die Zellen 24 h inkubiert. Die Substanz AKS-466 wurde im Folgenden an deren Azidogruppe über eine Azid-Alkin-Cycloaddition (SPAAC) mit dem Fluoreszenzfarbstoff DBCO-BODIPY konjugiert. Hierzu wurden die Zellen zunächst vorsichtig mit PBS gewaschen, um von der Zelle nicht aufgenommenes AKS-466 zu entfernen. Der Fluoreszenzfarbstoff DBCO-BODIPY wurde im Anschluss in einer Endkonzentration von 4 μM zugegeben und 15 min inkubiert. Nach der bioorthogonalen Klickreaktion wurden die freien DBCO-BODIPY Moleküle durch zweimaliges Waschen mit PBS entfernt. Die Zellen wurden in Medium bei 37 °C gelagert und von Dr. Jan Schlegel weiter analysiert. Hierzu wurde eine Färbung mit einem LysoTracker-Red und einem MitoTracker-Red durchgeführt. Die anschließenden Aufnahmen erfolgten unter Lebendzellbedingungen am zwei-Farben-Fluoreszenzmikroskop ZEISS Elyra 7 Lattice SIM (Abbildung 4.22).

Die zweifarbigen Lebendzell-Lattice SIM-Aufnahmen visualisieren die intrazelluläre Lokalisation von AKS-466. Die Zellen wurden zum einen mit LysoTracker gefärbt, wodurch eine Lokalisation der Substanz AKS-466 in den Lysosomen nachgewiesen wurde (Abbildung 4.22, A.). Zum anderen wurden die Mitochondrien angefärbt. Innerhalb der Mitochondrien wurde jedoch keine Anreicherung von AKS-466 detektiert (Abbildung 4.22, B.). Dieses Ergebnis bestätigte die Vermutung, dass die Substanz AKS-466 einen Einfluss auf die virale Replikation innerhalb der Lysosomen hat.

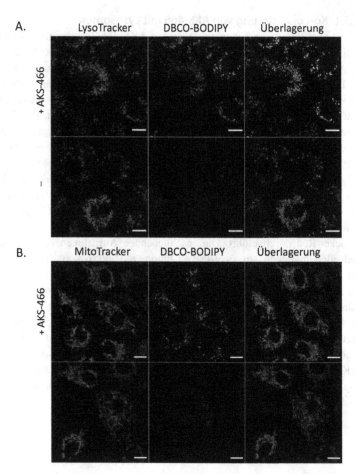

Abbildung 4.22 AKS-466 wurde mit LysoTracker (A.) und MitoTracker (B.) kolokalisiert dargestellt. A. Vero-Zellen wurden für 24 h mit 30 μM AKS-466 inkubiert. Die Lokalisation von AKS-466 wurde über eine SPAAC-Reaktion mit dem Fluoreszenzfarbstoff DBCO-BODIPY ermöglicht. Die Lysosomen wurden mit Hilfe des LysoTrackers-Red (A.) und die Mitochondrien durch den MitoTrackers-Red visualisiert (B.). Maßstab: 15 μm

4.4.1.5.2 Aufreinigung der Lysosomen mit Quantifizierung der viralen RNA

Nachdem die Lokalisation von AKS-466 innerhalb der Lysosomen gezeigt wurde, wurde ein Protokoll etabliert, um lysosomale Kompartimente mit einer Gradienten-Ultrazentrifugation aufzureinigen und die Menge an viraler SARS-CoV-2-RNA innerhalb dieses Zellkompartimentes zu bestimmen. Hierzu wurden zunächst 10.000.000 Huh-7-Zellen in einer 10 cm-Schale ausgesät. In Duplikaten wurden die Zellen mit 20 μM AKS-466 inkubiert. Anschließend erfolgte eine Infektion mit 5 ml SARS-CoV-2-Zellkulturüberstand (MOI 10). Nach 24 h wurden die Zellen mit PBS gewaschen, trypsiniert und die biologischen Duplikate vereint. Im Anschluss wurden die lysosomalen Kompartimente mit Hilfe des „Lysosome Isolation Kit" (Abcam) aufgereinigt. Die Zellen wurden durch Zentrifugation pelletiert, in 1,5 ml Isolationspuffer resuspendiert und mit einem vorgekühlten Glas-Homogenisator homogenisiert. Nach einem weiteren Zentrifugationsschritt wurden 375 μl homogenisierter Überstand auf einen 4 ml fünfschichtigen diskontinuierlichen Dichte-Gradienten geladen. Die Dichtegradientenzentrifugation erfolgte 2 h bei 145.000 × g und 4 °C mit dem „Swing-out"-Rotor SW60 Ti. Die Lysosomenfraktion wurde im oberen 1/10 des Gradienten abgenommen und mit 3,5 ml sterilem PBS verdünnt. Anschließend wurden die Lysosomen durch Zentrifugation über einen OptiPrep^{TM}-Gradienten 1 h bei 215.000 × g und 4 °C mit dem „Swing-out"-Rotor SW60 Ti sedimentiert. Das Lysosomenpellet wurde in 100 μl PBS 15 min auf Eis inkubiert und resuspendiert. Die viralen RNA-Kopien wurden aus 30 μl dieser Fraktion mit dem MagNA Pure 24 System (Roche) isoliert und in 100 μl eluiert. Die Anzahl der viralen Genomkopien wurde unter Verwendung des LightMix Modular Sarbecovirus SARS-CoV-2 Kits (TIB Molbiol) durch RT-qPCR bestimmt (Abbildung 4.23, A.–B.).

AKS-466 führte zu einer Anreicherung der viralen RNA um etwa eine Größenordnung (P-Wert: p = 0,0348) (Abbildung 4.23, B.). Dieses Resultat deutet darauf hin, dass AKS-466 die Freisetzung von SARS-CoV-2 aus den lysosomalen Kompartimenten und folglich auch den Virusaustritt hemmt.

Um zu unterscheiden, ob es sich bei den aufgereinigten lysosomalen Fraktionen um Lysosomen des Viruseintrittes oder Viruszusammenbaus handelt, wurde das ER-Chaperon GRP78/BIP im Western Blot nachgewiesen. Denn nur Lysosomen auf dem exozytischen Weg durch das Endoplasmatische Retikulum (ER) enthalten das ER-Chaperon GRP78/BIP [125]. Dazu wurden 30 μl der Lysosomenfraktion auf einem SDS-Gel aufgetrennt, die Proteine geblottet und die Membran mit einem anti-GRP78-Antikörper (Sigma-Aldrich, 1:1.000) nachgewiesen. Die unbehandelten und mit AKS-466 behandelten Fraktionen enthielten

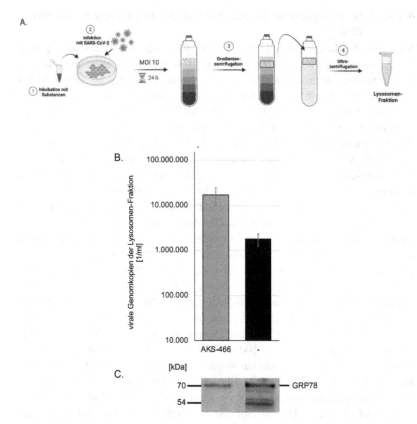

Abbildung 4.23 Die Zugabe von AKS-466 reichert die virale RNA von SARS-CoV-2 im lysosomalen Kompartiment an. A. Schematische Darstellung der Lysosomen-Aufreinigung. Erstellt mit BioRender.com. B. Huh-7-Zellen wurden mit 20 μM AKS-466 inkubiert und mit SARS-CoV-2 infiziert. 24 h nach der Infektion wurden die Zellen homogenisiert und die lysosomalen Kompartimente über eine diskontinuierliche Dichtegradientenzentrifugation aufgereinigt. Aus der Lysosomen-Fraktion wurde die virale RNA eluiert und die Anzahl der viralen Genomkopien mittels RT-qPCR bestimmt (Säulen: Mittelwert der biologischen Duplikate; Fehlerbalken: Standardabweichung). C. Western Blot-Analyse mit GRP78/BIP dient als Kontrolle für Lysosomen des viralen Austrittsweg

in signifikanten Mengen das GRP78-Protein (Abbildung 4.23, C.). Der Nachweis des GRP78-Proteins untermauert die Tatsache, dass die lysosomale Fraktion Viren enthält, die bereits das ER passiert haben und sich auf dem lysosomalen exozytischen Weg der Freisetzung aus der Wirtszelle befinden.

4.4.1.6 AKS-466 behandelte Zellen zeigen Doppelmembranstrukturen

Im nächsten Schritt wurde der Einfluss von AKS-466 auf die Lysosomen durch elektronen-mikroskopische Aufnahmen in Zusammenarbeit mit der Arbeitsgruppe von Prof. Dr. Christian Stigloher (Zentrale Abteilung für Mikroskopie, Würzburg) analysiert.

Hierzu wurden 5.000.000 Huh-7-Zellen auf 10 cm-Schalen ausgesät. Am darauffolgenden Tag wurde die Substanz AKS-466 in einer Endkonzentration von 30 μM in biologischen Duplikaten zugegeben und mit SARS-CoV-2 (MOI 10) infiziert. Nach einer 24-stündigen Infektion wurden die Zellen trypsiniert, die jeweiligen Duplikate vereint und pelletiert. Zur Fixierung der Zellen wurden diese in 4 % Glutaraldehyd aufgenommen und 15 min inkubiert. Die Zellen wurden anschließend mit PBS gewaschen, erneut mit 4 % Glutaraldehyd überschichtet und bei 4 °C gelagert. Die Einbettung in Epoxidharz erfolgte durch Daniela Bunsen (AG Stigloher, Zentrale Abteilung für Mikroskopie, Würzburg) (Abbildung 4.24). Die anschließenden elektronenmikroskopischen Aufnahmen erfolgten von mir am „Scanning" Transmissions-Elektronenmikroskop JEOL JEM-1400 Flash in einer Auflösung von 1–2 μm.

Abbildung 4.24
Elektronenmikroskopische Aufnahmen der AKS-466 behandelten mit SARS-CoV-2 infizierten Huh-7-Zellen. Huh-7-Zellen wurden mit 30 μM AKS-466 inkubiert und mit SARS-CoV-2 infiziert. 24 h danach wurden die Zellen fixiert und mit Elektronenmikroskopie aufgenommen. Maßstab: 1 μm

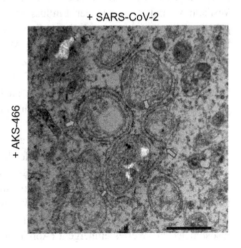

+ SARS-CoV-2

+ AKS-466

Die elektronenmikroskopische Aufnahmen zeigen eine morphologische Veränderung durch Zunahme von Doppelmembranösen Vesikeln (DMV) (Abbildung 4.24, orangene Pfeile). Diese könnten Autophagosomen darstellen und
treten abhängig von einer SARS-CoV-2 Infektion auf. Die stärker kontrastierten
Vesikel könnten hierbei SARS-Co-2-Viren darstellen (Abbildung 4.24). Ebenso
wurden nicht infizierte und unbehandelte Kontrollaufnahmen erstellt, welche in
dieser Arbeit nicht dargestellt wurden.

4.4.1.7 AKS-466 und Fluoxetin blockieren die Deazidifizierung der Lysosomen

Die Degradation von zellulären Abbauprodukten durch lysosomale Enzyme wie
Lipasen und Proteasen findet im Lysosom statt. Der pH-Wert im Inneren ist sauer
und liegt in einem Bereich von 4,5 – 5. In diesem sauren Millieu weisen die
lysosomalen Enzyme eine hohe Aktivität auf. Zur Aufrechterhaltung dieses niedrigen pH-Wert ist die Aktivität der V-Typ-ATPase erforderlich. V-ATPasen sind
ausschließlich auf endomembranische Organelle wie Lysosomen und dem Golgi-
Apparat lokalisiert. Die protonenpumpende Wirkung der V-ATPasen führt zur
Bildung eines sauren Lumens in verschiedenen Kompartimenten. Entsprechend
ihrer Lokalisierung und ihrer umgekehrten physiologischen Eigenschaften weisen sie eine Membran-extrinsische V1- und eine transmembrane V0-Untereinheit
auf [126].

Nachdem gezeigt wurde, dass das Fluoxetin-Derivat AKS-466 die Virusreplikation im replikativen lysosomalen Kompartiment blockiert und sich die
morphologische Membranstruktur durch Zugabe von AKS-466 an lysosomalen
Vesikeln verändert, wurde der Einfluss von AKS-466 und Fluoxetin auf den
pH-Wert des Lysosoms analysiert. Hierzu wurden Huh-7-Zellen auf 8-Napf-
Kammerobjektträger gesät und mit 5 µM Fluoxetin und 20 µM AKS-466
inkubiert. 24 h nach Zugabe der Substanzen wurde der lysosomale pH-Wert mit
einer „pHRodo Red"-Färbung (Thermo Fisher Scientific) nach Herstellerangabe
bestimmt und mit Lebendzellaufnahmen analysiert. Die Färbung und Aufnahmen wurden von Linda Stelz durchgeführt und am ZEISS Elyra 7 Lattice SIM
aufgenommen (Abbildung 4.25, A.).

Sowohl die Behandlung mit Fluoxetin als auch AKS-466 senken den pH-Wert
der lysosomalen Kompartimente im Vergleich zu den unbehandelten Kontrollzel-
len deutlich unter den physiologischen pH-Wert von 4,5 – 5,0. Dies ist durch die
verstärkte Signalintensität des pHRodo-Farbstoffs ersichtlich, da dessen Signalintensität mit der Azidifizierung des pH-Wertes korreliert. Dies würde daraufhin
deuten, dass das Ausbleiben der Virusfreisetzung mit einer Verringerung des
lysosomalen pH-Wertes einhergeht (Abbildung 4.25, A.).

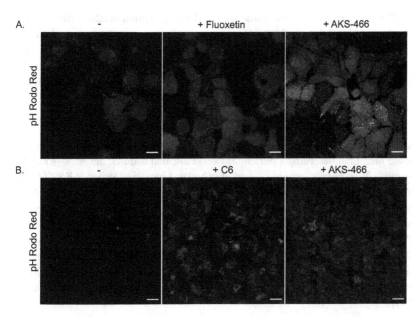

Abbildung 4.25 Fluoxetin, AKS-466 und C6 senken den lysosomalen pH-Wert in Huh-7-Zellen (A.) und stabil ORF3a-exprimierenden Huh-7-Zellen (B.). Huh-7-Zellen (A.) und ORF3a-exprimierende Huh-7-Zellen (B.) wurden mit Fluoxetin, AKS-466 und C6 inkubiert und der lysosomale pH-Wert wurde durch Lebendzellaufnahmen und einer pHRodo-Färbung visualisiert. Maßstab: 20 μm

Es wurde gezeigt, dass das SARS-CoV-2 ORF3a Protein einen Kalium-sensitiven Protonenkanal bildet [127], der die Fusion der Lysosomen mit dem Autophagosom verhindert [113, 128]. Dieser Kanal könnte die Wirkung von Fluoxetin und AKS-466 kompensieren und die Lysosomen neutralisieren. Daher wurde von Viktoria Diesendorf (AG Bodem) eine stabil ORF3a-exprimierende Huh-7-Zellinine unter Verwendung eines codon-optimierten ORF3a-pcDNA3.4-Expressionsplasmid generiert. Durch Western Blotting wurde gezeigt, dass die exprimierte ORF3a-Menge dieser Zelllinie, der ORF3a-Expression von infizierten Zellen entspricht. Die ORF3a-exprimierende Huh-7-Zelllinie wurde ebenfalls in 8-Napf-Kammerobjektträger ausgesät und mit 20 μM AKS-466 inkubiert. Der lysosomale pH-Wert wurde nach Herstellerangabe des „pHRodo Red"-Kits (Thermo Fisher Scientific) mit Lebendzellaufnahmen durch Linda Stelz am ZEISS Elyra 7 Lattice SIM aufgenommen (Abbildung 4.25, B.).

Der lysosomale pH-Wert wurde auch in ORF3a-exprimierenden Huh-7-Zellen durch die Zugabe von AKS-466 verringert. Dieses Resultat zeigt, dass die Wirkung von Fluoxetin und AKS-466 nicht durch ORF3a neutralisiert wird (Abbildung 4.25, B.). Daraus folgt, dass die Inhibition der Neutralisation der Lysosomen ein möglicher Mechanismus der SARS-CoV-2 Suppression sein kann.

4.4.1.8 Inhibition der sauren Ceramidase supprimiert die SARS-CoV-2 Replikation

Es wurde gezeigt, dass Fluoxetin die Anlagerung der ASM an die lysosomale Membran unterbindet beziehungsweise löst und dadurch die ASM-Aktivität hemmt. Wie bereits erläutert, wird durch das Fluoxetin-Derivat AKS-466 die ASM nicht inhibiert. Es wurde durch Marie Sostmann untersucht, ob die Aktivität der sauren Ceramidase (AC) auch durch Fluoxetin oder AKS-466 gehemmt wird. Das racemische AKS-466, sowie seine Enantiomere (R)-AKS-466 und (S)-AKS-466 reduzieren die AC-Aktivität um das 3,6-fache; während Fluoxetin eine 2-fache Verringerung zeigt (eigene Publikation: [99], Marie Sostmann Bachelorarbeit). Daraus resultiert, dass die saure Ceramidase eine entscheidende Rolle bei der viralen Replikation von SARS-CoV-2 haben könnte (eigene Publikation: [99]).

4.4.1.9 C6-Ceramide und AC-Inhibitoren wirken antiviral gegen SARS-CoV-2

Nachdem eine Inhibition der sauren Ceramidase-Aktivität nach der Zugabe von Fluoxetin und AKS-466 nachgewiesen wurde, wurde der Einfluss des spezifischen niedermolekularen AC-Inhibitor Ceranib-2 [129] auf die SARS-CoV-2 Replikation untersucht. Da die Hemmung der AC auch die Menge der Ceramid-Edukte erhöht, wurde auch eine potentielle Inhibition durch C6-Ceramide evaluiert. Die antivirale Aktivität wurde zunächst auf den beiden Zelllinien Huh-7 und HEK-293 T bestimmt. Ebenso wurde die zytotoxischen Effekte der Substanz C6, der nicht-membrangängigen Substanz C6-Dihydroceramid (dC6) (Abbildung 4.26, A.-B.) und des AC-Inhibitors Ceranib-2 auf den verwendeten Zelllinien untersucht. Die Zugabe der Substanzen zeigte auf den verwendeten Zelllinien keine zytotoxischen Effekte (Die zugehörige Tabelle ist in Anhang 2.1 im elektronischen Zusatzmaterial einsehbar.). Zur Analyse der antiviralen Aktivität gegen SARS-CoV-2 wurden die Zellen in 48-Napf-Platten ausgesät und C6, dC6 und Ceranib-2 in biologischen Triplikaten zugegeben. Die mit C6 und dC6 behandelten Zellen wurden mit den Substanzen präinkubiert, um die Aufnahme der

Ceramide zu verbessern. Die Substanzzugabe erfolgte nach 2 h, 4 h, 8 h und 12 h. Am nächsten Tag wurde mit SARS-CoV-2 (MOI 1) infiziert. Das Medium wurde 24 h nach Infektionsbeginn gewechselt, um defekte Viren zu entfernen. Die Zellkulturüberstände wurden nach einer gesamten Infektionsdauer von 72 h abgenommen, durch Bindungspuffer mit Poly(A) und Proteinase K inaktiviert und bei 72 °C, 10 min inkubiert. Die virale RNA wurde mit dem „High Pure Viral Nucleic Acid" Kit (Roche) isoliert und in 50 µl eluiert. Anschließend erfolgte die Quantifizierung der viralen Genomkopien unter Verwendung des Modular Sarbecovirus SARS-CoV-2 Kits (TIB Molbiol) mit dem LightCycler 480 II (Roche) (Abbildung 4.26, D.–E.).

Das membrangängige C6-Ceramid zeigt in einer Endkonzentration von 10 µM eine antivirale Wirkung von 3,5 Größenordnungen auf humanen Huh-7-Zellen (P-Wert: p = 0,122). Im Gegensatz dazu, hemmt das nicht membrangängige dC6 bei einer Endkonzentration von 10 µM die SARS-CoV-2-Replikation nicht signifikant (P-Wert: p = 0,077). Der AC-Inhibitor Ceranib-2 supprimiert bei 10 µM in Huh-7-Zellen die Virusreplikation um zwei Größenordnungen, während er in einer Endkonzentration von 30 µM sogar um drei Größenordnungen inhibiert (P-Werte: 10 µM: p = 0,056; 30 µM: p = 0,058) (Abbildung 4.26, D.). Vergleichend hierzu wurde die antivirale Aktivität von C6 und Ceranib-2 auf HEK-293 T-Zellen bestimmt. Die antiviralen Aktivitäten der beiden Substanzen wurden auf HEK-293 T-Zellen bestätigt (Abbildung 4.26, E.). Die Inkubation mit C6 in einer Endkonzentration von 10 µM zeigte auf HEK-293 T-Zellen einen signifikanten antiviralen Effekt von 2,16 Größenordnungen; während die Inkubation mit Ceranib-2 in derselben Endkonzentration die SARS-CoV-2 Replikation um 0,89 Größenordnungen inhibierte (P-Werte: C6: p = 0,039; Ceranib-2: p = 0,059). Zusammenfassend wurden durch dieses Experiment die AC als kritischer zellulärer Faktor für die SARS-CoV-2-Replikation identifiziert.

Nachdem das C6-Ceramid eine antivirale Wirkung gegen SARS-CoV-2 zeigte, wurde ein synthetisch hergestelltes Ceramid-Derivat AKS-461 weitergehend untersucht. AKS-461 wurde von der AG Seibel (Institut für Organische Chemie, Würzburg) hergestellt und bisher als Visualisierungswerkzeug eingesetzt, da es über eine Azidogruppe verfügt, die durch Click-Markierung mit einem Fluorophor lokalisiert werden konnte. Das Ceramid-Derivat AKS-461 wurde zunächst auf mögliche zytotoxische Effekte untersucht. AKS-461 war zytotoxisch ab 60 µM auf Vero-Zellen und ab 30 µM auf Huh-7-Zellen (Die zugehörige Tabelle ist in Anhang 2.1 im elektronischen Zusatzmaterial einsehbar.).

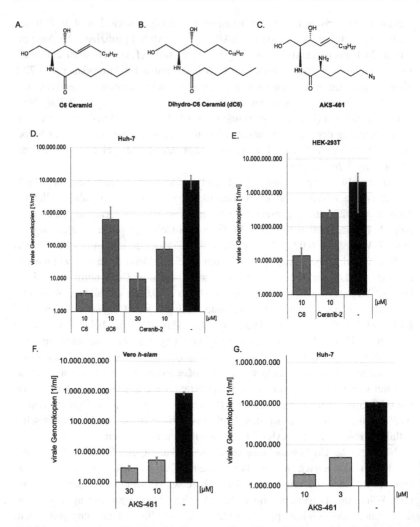

Abbildung 4.26 Das C6-Ceramid, der saure Ceramidase-Inhibitor Ceranib-2 und das Ceramid-Derivat AKS-461 inhibieren die SARS-CoV-2 Replikation. A.–C. Strukturformeln (A.) C6-Ceramid, (B.) Dihydro-C6-Ceramid (dC6) und (C.) AKS-461. D.–G. Huh-7-, HEK-293 T- und Vero h-slam-Zellen wurden mit den Substanzen inkubiert und anschließend mit SARS-CoV-2 infiziert. Drei Tage nach der Infektion wurde aus dem Zellkulturüberstand die virale RNA isoliert und mit RT-qPCR quantifiziert (Säulen: Mittelwert der vorrangegangenen biologischen Triplikate; Fehlerbalken: Standardabweichung)

Die antivirale Aktivität wurde auf Vero *h-slam-* und Huh-7-Zellen untersucht. Diese wurden in 48-Napf-Platten gesät und mit AKS-461 in biologischen Triplikaten inkubiert. Die Zellen wurden im Anschluss mit SARS-CoV-2 (MOI 1) infiziert. Nach 24 h wurde das Medium gewechselt und erneut AKS-461 zugegeben. Nach 72 h Infektion wurden die Zellkulturüberstande abgenommen, durch Zugabe von MagNA Pure LC Total NA Lyse/Bindungspuffer inaktiviert und aus dem S3-Labor ausgeschleust. Die virale RNA wurde mit dem MagNA Pure 24 System (Roche) isoliert und in 100 μl eluiert. Mit dem LightCycler 480 II (Roche) wurde die Anzahl der viralen Genomkopien unter Verwendung des LightMix Modular Sarbecovirus SARS-CoV-2 Kits (TIB Molbiol) quantifiziert.

Das Ceramid-Derivat AKS-461 zeigt ab einer Endkonzentration von 10 μM einen antiviralen Effekt um mehr als zwei Größenordnungen, während eine Endkonzentration von 30 μM auf der Zelllinie Vero *h-slam* sogar für eine Inhibition um 2,5 Größenordnungen sorgt (P-Werte: 10 μM: p = 0,0056; 30 μM: p = 0,0055) (Abbildung 4.26, F.). Des Weiteren wurde die antivirale Inhibition von AKS-461 auch auf Huh-7-Zellen untersucht. Hierbei zeigte sich eine geringere antivirale Wirkung als auf Vero *h-slam*-Zellen. Da die Endkonzentration von 30 μM AKS-461 auf Huh-7-Zellen zytotoxisch ist, wurden nur die Endkonzentrationen 3 μM und 10 μM getestet. AKS-461 in einer Endkonzentration von 3 μM zeigt eine antivirale Wirkung um etwas mehr als eine Größenordnung (P-Wert: p = 0,2027), wohingegen eine Endkonzentration von 10 μM die Virusreplikation um 1,75 Größenordnungen reduziert (P-Wert: p = 0,0037) (Abbildung 4.26, G.). Diese Resultate zeigen, dass die SARS-CoV-2 Virusreplikation von der Ceramid-Konzentration der Zellen abhängig ist.

4.4.1.10 Erhöhte Ceramid-Mengen inhibieren den SARS-CoV-2-Austritt

Im Folgenden wurde der Einfluss der Substanzen AKS-466, C6-Ceramid und des AC-Inhibitor Ceranib-2 auf die Ceramid-Konzentration der Zelle analysiert. Dazu wurden fluoreszenzmikroskopische Aufnahmen mit einem anti-Ceramid-Antikörper durchgeführt. Hierzu wurden Huh-7-Zellen in 8-Napf-Kammerobjektträger ausgesät und mit AKS-466 in einer Endkonzentration von 30 μM, Ceranib-2 in einer Endkonzentration von 30 μM und mit C6-Ceramid in einer Endkonzentration von 10 μM versetzt. Die Präinkubation von C6 erfolgte erneut schrittweise (siehe 4.6.9). Im Anschluss wurden die Zellen mit SARS-CoV-2 (MOI 10) infiziert, nach 24 h mit PBS gewaschen und mit 4 % Histofix

+ 0,2 % Glutaraldehyd 15 min fixiert. Daraufhin wurden die Zellen dreimal mit
PBS gewaschen und anschließend bis zur Aufnahme bei 4 °C aufbewahrt.

Zur Bestimmung der zellulären Gesamt-Ceramidkonzentration wurden diese
mit einem monoklonalen Maus-anti-C12-Ceramid-Antikörper [97] angefärbt,
sowie durch Immunfluoreszenz mit einem ZEISS Elyra 7 mit strukturierter
Beleuchtung und optischem Gitter (Lattice SIM) von Linda Stelz aufgenommen.
Die Aufnahme wurde mit der ZEN Black (ZEISS) Software prozessiert (Abbildung 4.27, A.). Die Quantifizierung der Ceramid-Signale einzelner Zellen wurde
von Sebastian Reinhart (AG Sauer, Lehrstuhl für Biotechnologie und Biophysik,
Universität Würzburg) bioinformatisch durchgeführt (Abbildung 4.27, B.).

Die Quantifizierung der fluoreszenz-markierten zellulären Ceramide der
gesamten Zelle ergab, dass weder die Ceranib-2-Behandlung von nicht infizierten
Zellen (Abbildung 4.27 A., f.), noch die Infektion mit SARS-CoV-2 in unbehandelten Zellen (Abbildung 4.27 A., g.) die zelluläre Ceramidkonzentration
signifikant verändert. Eine Infektion von AKS-466- und Ceranib-2-behandelten
Zellen hingegen erhöht den zellulären Ceramid-Gehalt um das 1,7- beziehungsweise 1,4-fache (Abbildung 4.27, A., a./e.; Abbildung 4.27, B.). Auch die
Inkubation mit C6 führt zu einem Anstieg der Ceramidkonzentration in infizierten
und nicht-infizierten Huh-7-Zellen (Abbildung 4.27, A., c.–d.).

Dieses Resultat untermauert unsere Hypothese, dass die Ceramidkonzentration für die SARS-CoV-2-Replikation von entscheidender Bedeutung ist. Wenn
der Wirkmechanismus von Fluoxetin auf der Erhöhung der Ceramidkonzentration beruht und dies zu einer Inhibition der Lysosomenneutralisation führt, dann
sollte die Inkubation mit C6 auch das Lysosom azidifizieren. Deshalb wurde die
ORF3a-exprimierende Huh-7-Zelllinie mit C6-Ceramid in einer Endkonzentration von 10 μM 24 h inkubiert. Die Veränderung des lysosomalen pH-Wertes
wurde mit „pHRodo Red"-Färbung in einer Lebendzellaufnahme am ZEISS Elyra
7 Lattice SIM von Linda Stelz analysiert (Abbildung 4.25, B.). Die Behandlung von ORF3a-exprimierenden Zellen mit C6-Ceramid führt daher ebenfalls
zu einer Abnahme des lysosomalen pH-Wertes, ähnlich wie bei der Behandlung mit AKS-466. Diese deutet daraufhin, dass eine erhöhte intrazelluläre
Ceramid-Konzentration den SARS-CoV-2-Austritt hemmt.

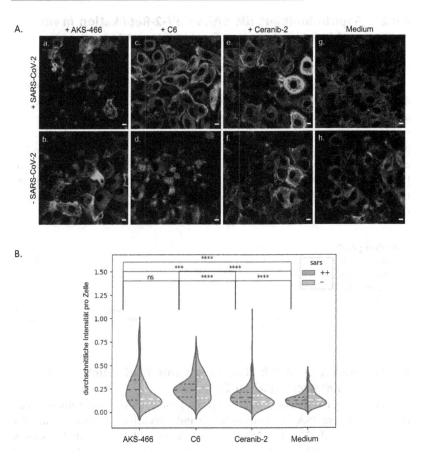

Abbildung 4.27 Bestimmung der Ceramid-Konzentrationen nach Infektion mit SARS-CoV-2 und Inkubation mit verschiedenen Substanzen. A. Ceramid-Nachweis in infizierten (oben) und nicht infizierten (unten)Huh-7-Zellen. Die Zellen wurden mit den Substanzen inkubiert und mit SARS-CoV-2 infiziert. 24 h nach der Infektion wurden die Zellen fixiert und die Ceramid-Konzentration mit einem anti-Ceramid-Antikörper bestimmt. Ceramide: Türkis. Maßstab: 10 μm. B. Quantifizierung der Signalintensitäten der Ceramid-Konzentration (Signifikanz: nicht signifikant ns: p > 0,005; ***: 0,0001 ≥ p > 0,00001; ****: 0,00001 ≥ p)

4.4.2 Aspirin inhibiert die SARS-CoV-2-Replikation *in vitro* und in human-nahem Replikationssystem

Wie bereits durch die Forschung am Antidepressivum Fluoxetin veranschaulicht, war und ist die Forschung am „Off-Label"-Einsatz von Arzneimitteln und somit die Wiederverwendung von Arzneimitteln eine der schnellsten Möglichkeiten, um potentiell antivirale Substanzen gegen SARS-CoV-2 zu identifizieren. So wurde auch Aspirin, welches seit mehr als einem Jahrhundert als Medikament gegen typische virale Erkältungskrankheiten, wie Influenza A oder Rhinoviren eingesetzt wird, auf seine antivirale Aktivität gegen SARS-CoV-2 untersucht [55]. Darüber hinaus ist von Aspirin eine entzündungshemmende und gerinnungshemmende Wirkung in Dosis-Abhängigkeit bekannt (Übersichtsartikel in [56]).

Abbildung 4.28
Strukturfomeln von A.
Aspirin (Acetylsalicylsäure
(ASA)) und B. dessen
Metabolit Salicylsäure (SA)

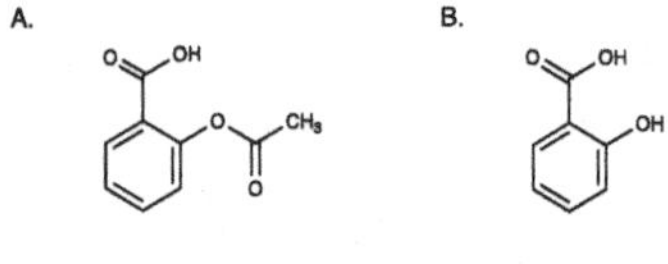

A.
Acetylsalicylsäure
(ASA)

B.
Salicylsäure
(SA)

4.4.2.1 ASA und SA inhibieren die virale Replikation in unterschiedlichen Zelllinien

Um die antivirale Wirkung von Acetylsalicylsäure (ASA) und seinem Metabolit Salicylsäure (SA) zu untersuchen, wurde zunächst die Zytotoxizität der Substanzen auf den Zelllinie Vero *h-slam*, A549–ACE2 und Huh-7 bestimmt (Die zugehörige Tabelle ist in Anhang 2.1 im elektronischen Zusatzmaterial einsehbar.). Hierbei konnte keine signifikante Zytotoxizität bei Inkubation von ASA und SA in einer Endkonzentration von 3 mM nachgewiesen werden. Im Anschluss wurde die antivirale Aktivität der Substanzen, in Zusammenarbeit mit Dr. Eva-Maria König, analysiert. Da durch Maisonnasse *et al.* gezeigt wurde, dass die antivirale Wirkung einer bestimmten Substanz auf die SARS-CoV-2-Replikation vom verwendeten Testsystem abhängig ist [130], wurde der Einfluss von ASA und SA auf die virale Replikation in Vero *h-slam-*, A549-ACE2- und Huh-7-Zellen verglichen. Vero *h-slam-* und Huh-7-Zellen werden häufig für SARS-CoV-2 Infektionsexperimenten *in vitro* verwendet, wodurch die ermittelten Resultate mit früheren Studien vergleichbar sind. Zugleich wurde die humane adenokarzinomische Basalepithelzelllinie A549-ACE2 ausgewählt, da diese ein gewebenahes Infektionsmodell darstellt.

Die genannten Zellen wurden in 48-Napf-Platte ausgesät und mit den Substanzen ASA und SA in einer Endkonzentration von 1,5 mM und 3 mM in biologischen Triplikaten inkubiert. Anschließend wurden diese mit SARS-CoV-2 (MOI 1) infiziert. 24 h nach der Infektion erfolgte ein Mediumswechsel mit erneuter Substanzzugabe. Die Zellkulturüberstande wurden 3 Tage nach der Infektion abgenommen, mit MagNA Pure LC Total NA Lyse/Bindungspuffer (Roche) inaktiviert und mit dem MagNA Pure 24 System (Roche) aufgereinigt und in 100 µl eluiert. Die Anzahl der viralen Genomkopien wurde unter Verwendung des LightMix Modular Sarbecovirus SARS-CoV-2 Kits (TIB Molbiol) mit dem LightCycler 480 II (Roche) bestimmt (Abbildung 4.29).

ASA zeigt in einer Endkonzentration von 1,5 mM eine Inhibition von etwa einer Größenordnung (P-Wert: p < 0,001) in Vero *h-slam*-Zellen, während bei einer Endkonzentration von 3 mM eine Reduktion der viralen Genomkopien von fast zwei Größenordnungen (P-Wert: p < 0,001) detektiert wurde. Der Metabolit SA hingegen zeigt in einer Endkonzentration von 1,5 mM und 3 mM eine Inhibition von 1,23 bzw. 2,5 Größenordnungen (P-Werte: 1,5 mM: p < 0,001; 3 mM: p < 0,001) (Abbildung 4.29, A.). Im Vergleich dazu inhibieren die Substanzen in den Zelllinien A549-ACE2 und Huh-7 die Virusreplikation deutlich schwächer. Die Substanz ASA zeigt in A549-ACE2 Zellen eine Inhibition von einer viertel Größenordnung bei einer Endkonzentration von 1,5 mM (P-Wert: p < 0,001), während bei 3 mM ASA eine Reduktion von 1,41 Größenordnungen gefunden wurde (P-Wert: p = 0,177). Deren Metabolit SA zeigt auf A549-ACE2-Zellen keine Reduktion in einer Endkonzentration von 1,5 mM (P-Wert: p < 0,001). Bei Behandlung von A549-ACE2-Zellen mit 3 mM SA wurde eine Inhibition von etwas mehr als einer Größenordnung deutlich (P-Wert: p = 0,015) (Abbildung 4.29, B.).

Vergleichend wurde die antivirale Aktivität der beiden Substanzen auf der Zelllinie Huh-7 untersucht.

ASA in einer Endkonzentration von 1,5 mM inhibiert die Virusreplikation nicht (P-Wert: p = 0,882), während in einer Endkonzentration von 3 mM eine antivirale Wirkung von einer halben Größenordnung detektiert wurde (P-Wert: p = 0,096). Die Substanz SA supprimiert in einer Endkonzentration von 1,5 mM die virale Replikation kaum (P-Wert: p = 0,061), bei 3 mM SA-Zugabe um eine dreiviertel Größenordnung (P-Wert: p = 0,456) (Abbildung 4.29, C.).

ASA und der Metabolit SA hemmen die virale Replikation signifikant und zelltyp-spezifisch um etwa eine halbe (Huh-7) bis zu zwei (Vero *h-slam* und A549-ACE2) Größenordnungen (Abbildung 4.29, A.–C.). Diese Reduktion liegt

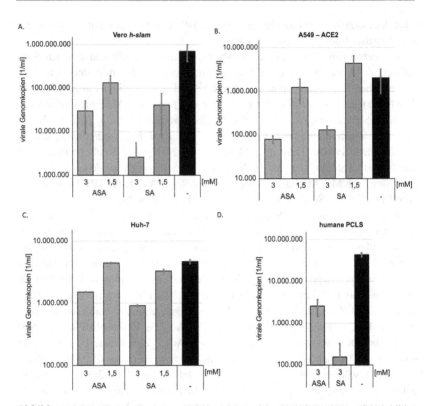

Abbildung 4.29 Acetylsalicylsäure (ASA) und deren Metabolit Salicylsäure (SA) inhibieren die virale Replikation in Vero h-slam- (A.), A549-ACE2- (B.) und Huh-7-Zellen (C.), sowie in humanen PCLS (D.). A.–C. Die Zellen wurden mit den Substanzen behandelt und mit SARS-CoV-2 infiziert. Nach drei Tagen Infektion wurde die Anzahl der viralen Genomkopien mit RT-qPCR bestimmt. D. Humane PCLS wurden mit den Substanzen inkubiert und mit SARS-CoV-2 infiziert. Nach drei Tagen Infektion wurden die Zellkulturüberstände auf Vero-Zellen gegeben und die virale Genomkopienanzahl ermittelt (Säulen: Mittelwert der biologischen Triplikate; Fehlerbalken: Standardabweichung)

über der zuvor berichteten Suppression von Respiratorischem Synzytial-, Influenza A- und Rhinoviren [55]. Unsere Untersuchungen zeigten, dass ASA und SA die virale Replikation beeinträchtigen und somit einen SARS-CoV-2-Signalweg hemmen. Außerdem resultiert aus diesen Ergebnissen, dass die Hemmung der SARS-CoV-2-Replikation unabhängig in den verwendeten Zelllinien ist und beide Verbindungen die virale Replikation sogar in der humanen A549-Zelllinie unterdrücken.

4.4.2.2 ASA und SA zeigen antivirale Wirkung in humanen PCLS

Kürzlich veröffentlichte Studien zeigten, dass die Übertragung der antiviralen Eigenschaft einer Substanz aus einem zellkulturbasierenden System, zu einer inaktiven Patiententherapie führen kann [45, 130]. Daher wurde im weiteren Verlauf des Projektes die antivirale Wirkung der Substanzen ASA und SA auf humanen Lungengewebe in Zusammenarbeit mit Viktoria Diesendorf (AG Bodem) untersucht. Hierzu wurden humane Präzisionsschnitte der Lunge (PCLS) von unserem Kooperationspartner Fraunhofer Institut ITEM, Hannover aus humanen Lungenlappen präpariert und geschnitten. Die PCLS wurden nach dem Transport in Gibco™ DMEM/Nutrient Mixture F-12 (DMEM/F-12) unter Zugabe von 1 % Penicillin/ Streptomycin in einem Inkubator bei 37 °C und einem 5 % CO_2-Gehalt kultiviert. Nach 1 h wurden diese mit den Substanzen ASA und SA in einer Endkonzentration von 3 mM in Triplikaten inkubiert und mit SARS-CoV-2 (MOI 10) infiziert. Nach einer dreitägigen Infektion wurden 100 µl Zellkulturüberstand in biologischen Duplikaten auf Vero *h-slam*-Zellen gegeben. 24 h nach der Koinfektion wurde das Medium gewechselt. Nach insgesamt drei Tagen Koinfektion wurde der Zellkulturüberstand abgenommen, mit MagNA Pure LC Total NA Lyse/ Bindungspuffer inaktiviert und aus dem S3-Labor ausgeschleust. Die virale RNA wurde mit dem MagNA Pure 24 System (Roche) isoliert und in 100 µl eluiert. Die Quantifizierung der viralen Genomkopien erfolgte unter Verwendung des LightMix Modular Sarbecovirus SARS-CoV-2 Kits (TIB Molbiol) mit dem LightCycler 480 II (Roche) (Abbildung 4.30).

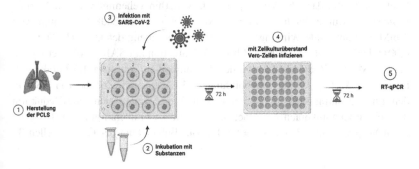

Abbildung 4.30 Schematische Darstellung der antiviralen Untersuchung auf Präzisionsschnitten der humanen Lunge. (Erstellt mit BioRender.com)

ASA in einer Endkonzentration von 3 mM hemmt die virale Replikation um etwas mehr als eine Größenordnung auf humanen PCLS (P-Wert: p < 0,001), während die Behandlung mit dessen Metabolit SA in derselben Endkonzentration die SARS-CoV-2-Replikation um 2,5 Größenordnungen inhibiert (P-Wert: p < 0,001) (Abbildung 4.29, D.). Die Behandlung mit den beiden Verbindungen reduziert die virale Replikation in allen analysierten Zelllinien und in humanen PCLS, was daraufhin deutet, dass sie vielversprechende Kandidaten für eine antivirale Therapie sind.

4.4.2.3 ASA und SA interagieren nicht mit dem Viruseintritt

In weitergehenden Untersuchungen sollte der Replikationsschritt von SARS-CoV-2 identifiziert werden, bei welchem die antivirale Wirkung der Substanzen ASA und SA auftritt. Hierzu wurde zunächst der Eintritt des Virus in die Wirtszelle in Abhängigkeit zur Behandlung mit ASA und SA analysiert. Die Zelllinien Vero *h-slam* und Calu-3 wurden in 48-Napf-Platten ausgesät und mit SARS-CoV-2 (MOI 1) infiziert. 3 h nach der Infektion wurden die Substanzen ASA und SA in den Endkonzentrationen 1,5 mM und 3 mM zugegeben. Nach 24 h erfolgte ein Mediumswechsel mit erneuter Wirkstoffzugabe. Nach einer Gesamtinfektionsdauer von drei Tagen wurde der Zellkulturüberstand abgenommen und mit Bindungspuffer mit Poly(A) und Proteinase K versetzt. Die Überstände wurden bei 72 °C, 10 min inaktiviert und anschließend aus dem S3-Labor ausgeschleust. Die Aufreinigung erfolgte mit dem „High Pure Viral Nucleic Acid" Kit (Roche) und die virale RNA wurde in 50 µl eluiert. Anschließend erfolgte die Quantifizierung der viralen Genomkopien unter Verwendung des Modular Sarbecovirus SARS-CoV-2 Kits (TIB Molbiol) mit dem LightCycler 480 II (Roche) (Abbildung 4.31, A.–B.).

Die Analyse des Viruseintritts durch Zugabe von ASA und SA 3 h nach der Infektion zeigte, dass die Virusreplikation weiterhin gehemmt wird. In Vero *h-slam*-Zellen wurde durch die Zugabe von ASA in einer Endkonzentration von 3 mM eine antivirale Wirkung von einer Größenordnung detektiert (P-Wert: p < 0,001). Die Inkubation mit ASA 3 h vor der Infektion mit SARS-CoV-2 erbrachte bei 3 mM eine Reduktion der viralen Genomkopien von etwa 1,5 Größenordnungen (P-Wert: p < 0,001) (Abbildung 4.31, A.). Durch Zugabe von ASA in den Endkonzentrationen von 1,5 mM und 3 mM zeigte sich eine Reduktion der viralen Genomkopien von einer bis zu etwa 3,5 Größenordnungen (P-Werte: 1,5 mM: p = 0,422; 3 mM: p = 0,002). Bei Behandlung der Calu-3-Zellen 3h nach der Infektion mit 3 mM SA wurde eine Inhibition von 2,5 Größenordnungen detektiert (P-Wert: p = 0,418), während die Behandlung mit 1,5 mM SA lediglich eine Inhibition von einer viertel Größenordnung erbrachte (P-Wert: p = 0,01) (Abbildung 4.31, B.). Anhand dieser beiden Resultate wurde gezeigt, dass die ASA- bzw. SA-Behandlung keinen direkten Einfluss auf die Anheftung und die anschließende Fusion des SARS-Co-2-Virus hat. Somit kann die Replikation nicht innerhalb des Viruseintrittes durch Zugabe der beiden Substanzen gehemmt werden.

Um auszuschließen, dass die Substanzen direkt mit dem Virus interagieren, bevor dieser in die Zellen eintritt und diese infiziert, wurde folgendes Experiment durchgeführt. Es wurden Vero *h-slam-* und Calu-3-Zellen in einer 48-Napf-Platte ausgesät. Am darauffolgenden Tag wurde SARS-CoV-2-Virus mit den Substanzen ASA und SA in den Endkonzentrationen von 1,5 mM und 3 mM 1h inkubiert. Das Substanz-Virus-Gemisch wurde resuspendiert und anschließend mit je 10 µl die Zelllinien Vero *h-slam* und Calu-3 in Duplikaten infiziert. Nach einem Tag Infektion wurde ein Mediumswechsel durchgeführt. Drei Tage nach der Infektion wurde der Zellkulturüberstand abgenommen und mit Bindungspuffer mit Poly(A) und Proteinase K versetzt. Dies wurde bei 72 °C, 10 min inkubiert und anschließend aus dem S3-Labor ausgeschleust. Die viralen RNAs wurden mit dem „High Pure Viral Nucleic Acid" Kit (Roche) isoliert und in 50 µl eluiert. Die Quantifizierung der isolierten viralen RNA erfolgte mit RT-qPCR. Zur Detektion der viralen Genomkopien wurde das LightMix Modular Sarbecovirus SARS-CoV-2 Kit (TIB Molbiol) verwendet. Die RT-qPCR wurde mit einem LightCycler 480 II (Roche) durchgeführt. Zur anschließenden Quantifizierung der viralen Genomkopien wurde mit die Software LightCycler 480 1.5.1 herangezogen und nach der AbsQuant-Methode ausgewertet (Abbildung 4.31, C.–D.).

Hierbei konnte keine signifikante Änderung der viralen Genomkopienanzahl von SARS-CoV-2 im Vergleich zur Mediumskontrolle bei Vero *h-slam*-Zellen beobachtet werden. Daraus resultierte, dass die Substanzen nicht direkt mit dem Virus in Interaktion treten und die Inhibition der Substanzen ASA und SA auf zellulärer Ebene geschieht (Abbildung 4.31, C.–D.).

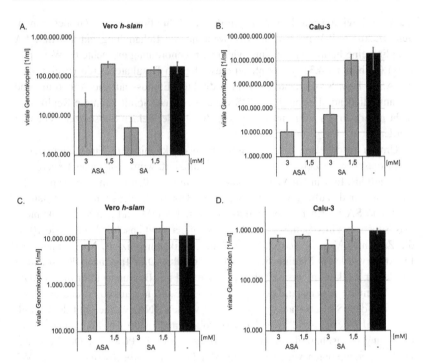

Abbildung 4.31 Acetylsalicylsäure (ASA) und Salicylsäure (SA) inhibieren nicht den Eintrittsweg von SARS-CoV-2 (A.–B.) und interagieren auch nicht direkt mit dem SARS-Co-2-Virus (C.–D.). A.–B. Vero h-slam und Calu-3 wurden mit SARS-CoV-2 infiziert. 3 h nach der Infektion wurden die Substanzen zugegeben. Quantifizierung der viralen Genomkopien mit RT-qPCR. C.–D. Der Virus wurde 1 h mit den Substanzen inkubiert und anschließend wurden Vero h-slam- und Calu-3-Zellen infiziert. Drei Tage danach wurde die virale RNA isoliert und mit RT-qPCR quantifiziert (Säulen: Mittelwert der biologischen Triplikate; Fehlerbalken: Standardabweichung)

4.4.2.4   ASA und SA hemmen die Virusreplikation vor oder während der Genexpression

Nachdem ausgeschlossen werden konnte, dass die Substanzen ASA und SA mit den Virus direkt interagieren oder während des viralen Eintrittes in die Zelle hemmen, wurde der darauffolgende Schritt der Virusreplikation – die Genexpression umfassend analysiert. Hierzu wurden A549-ACE2-Zellen in 6-Napf-Platten gesät und mit den Substanzen ASA und SA in vier unterschiedlichen Endkonzentrationen in biologischen Duplikaten inkubiert. Nach der SARS-CoV-2-Infektion (MOI

10) wurde die virale RNA-Expression 6 h und 24 h nach der Infektion bestimmt. 1 h nach der Infektion wurde das Medium ausgetauscht, um keine weiteren Infektionen mehr zu ermöglichen. Nach 6 h bzw. 24 h wurden die Zellen mit eiskaltem PBS gewaschen, mit TRK Lysepuffer lysiert und 100 μg Gesamt-RNA mit Hilfe des E.Z.N.A.® Total RNA Kit I (Omega Bio-Tek) nach Herstellerangabe isoliert. Die Quantifizierung erfolgte mit RT-qPCR unter Verwendung des LightMix Modular Sarbecovirus SARS-CoV-2 Kits (TIB Molbiol) mit dem LightCycler 480 II (Roche). Die Ergebnisse wurden danach auf deren GAPDH-Gehalt normalisiert (Abbildung 4.32).

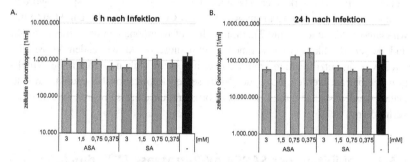

Abbildung 4.32 Acetylsalicylsäure (ASA) und Salicylsäure (SA) interagieren vor oder während der Genexpression nicht mit SARS-CoV-2. A.–B. Die Gesamt-RNA von SARS-CoV-2 infizierten und mit ASA bzw. SA behandelten A549-ACE2-Zellen wurde 6 h (A.) und 24 h (B.) nach der Infektion isoliert. Die zellulären SARS-CoV-2 RNAs wurden mit RT-qPCR quantifiziert und auf den GAPDH-Gehalt normalisiert (Säulen: Mittelwert der biologischen Duplikate; Fehlerbalken: Standardabweichung)

Nach 6 h Infektion wurde in allen Lysaten ähnliche SARS-CoV-2-RNA-Mengen beobachtet. Dies bedeutet, dass trotz der Behandlung mit ASA und SA gleiche Mengen des Virus in die Zellen gelangen konnte und der virale Eintrittsprozess bei SARS-CoV-2 Infektionen nicht zielgerichtet durch ASA oder SA blockiert ist. Die geringe Menge an RNA nach 6 h Infektion deutet daraufhin, dass dieser gewählte Zeitpunkt vor der wesentlichen viralen Genexpression liegt (Abbildung 4.32, A.).

Das gleiche Experiment wurde durchgeführt, um die Infektion nach 24 h in Gegenwart der beiden Verbindungen zu analysieren. Hierbei wurde eine Reduktion der viralen RNA-Menge bei Behandlung mit ASA ab einer Endkonzentration von 1,5 mM um etwa eine halbe Größenordnung deutlich (P-Wert: 1,5 mM: p = 0,024; 3 mM: p = 0,039). Im Vergleich dazu inhibiert SA die Expression von viraler RNA im gesamten Konzentrationsbereich um etwa eine halbe Größenordnung (P-Wert: p < 0,001) (Abbildung 4.32, B.). Zusammenfassend deuten die Ergebnisse darauf hin, dass die Verbindungen ASA und SA die Replikationsschritte nach dem viralen Eintritt, aber vor oder während der Genexpression hemmen.

4.5 Entwicklung direkt wirkender Substanzen gegen SARS-CoV-2

Neben den indirekt wirkenden Therapeutika, wie AKS-466 und Aspirin, wurden auch direkt wirkende Substanzen gegen SARS-CoV-2 untersucht. Direkt antiviral wirksame Medikamente sind Therapien, die auf Komponenten des Virus abzielen und dessen Replikation so hemmen. Damit diese direkt wirkenden Virostatika effektiv eingesetzt werden, müssen sie in einem frühen Stadium der Infektion verabreicht werden, bevor der Virus seinen Replikationshöhepunkt erreicht. Daher werden sie eingesetzt, um das Fortschreiten einer schweren Infektion zu verhindern.

4.5.1 Inhibition der SARS-CoV-2-Protease M^Pro durch Protease-inhibitoren ist zelltyp-spezifisch

Als wichtiger Angriffspunkt in der Behandlung von COVID-19 wurde die Hauptprotease M^{Pro} von SARS-CoV-2 charakterisiert, welche auch als 3-Chymotrypsin-ähnliche Protease ($3CL^{Pro}$) bekannt ist. Die Hauptproteasen verschiedener Coronaviren, darunter SARS-CoV-2, SARS-CoV und *Middle East Respiratory Syndrome Coronavirus* (MERS-CoV), haben eine strukturell konservierte Substratbindungsregion, die für die Entwicklung neuer Proteaseinhibitoren genutzt werden kann [131]. SARS-CoV-2 M^{Pro} prozessiert während der viralen Replikation die viralen Polyproteine, die mit der Translationsmaschinerie der Wirtszellen synthetisiert werden. Diese Polyproteine werden erzeugt, um einen funktionell aktiven viralen Replikationskomplex zu erstellen [132]. Im Zusammenarbeit mit Prof. Dr. Michael Gütschow und Prof. Dr. Christa E. Müller vom Pharmazeutischen Institut der Rheinischen Friedrich-Willhelms-Universität Bonn wurden die folgenden potentielle Proteaseinhibitoren gegen SARS-CoV-2 analysiert (Abbildung 4.33 + 4.34). Dabei wurde eine Zelllinien-abhängige Inhibition der Proteaseinhibitoren auf Vero *h-slam-*, Huh-7- und Calu-3-Zellen beobachtet. Hierbei wurden die zwei Substanzklassen Indol-Pyridinyl-Ester und peptid-ähnliche Strukturen („Peptidomimetics") weitergehend untersucht.

A. 2-Indol-Pyridinyl-Ester (an Position 2 des Indolringes gebunden)

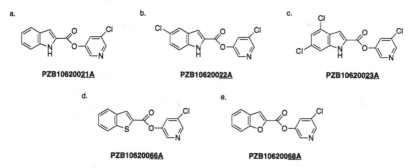

B. 2-, 3- bzw. 4-Indol-Pyridinyl-Ester (an Position 4 - 6 des Indolringes gebunden)

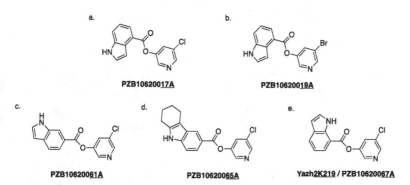

Abbildung 4.33 Strukturformeln der Indol-Pyridinyl-Ester-Derivate, die als potentielle M^{Pro}-Inhibitoren gegen SARS-CoV-2 analysiert wurden. A. Zusammenstellung der Substanzklasse der 2-Indol-Pyridinyl-Ester, welche am 5-Ring des Indoles gebunden sind: (a.) PZB10620021A, (b.) PZB10620022A, (c.) PZB10620023A, (d.) PZB10620066A, (e.) PZB10620068A. B. Zusammenstellung der Substanzklasse der 2-, 3- bzw. 4-Indol-Pyridinyl-Ester, welche am 6-Ring des Indoles gebunden sind: (a.) PZB10620017A, (b.) PZB10620019A, (c.) PZB10620061A, (d.) PZB10620065A, (e.) Yazh2K219 / PZB10620067A

C. Peptid-ähnliche Proteaseinhibitoren („Peptidomimetics")

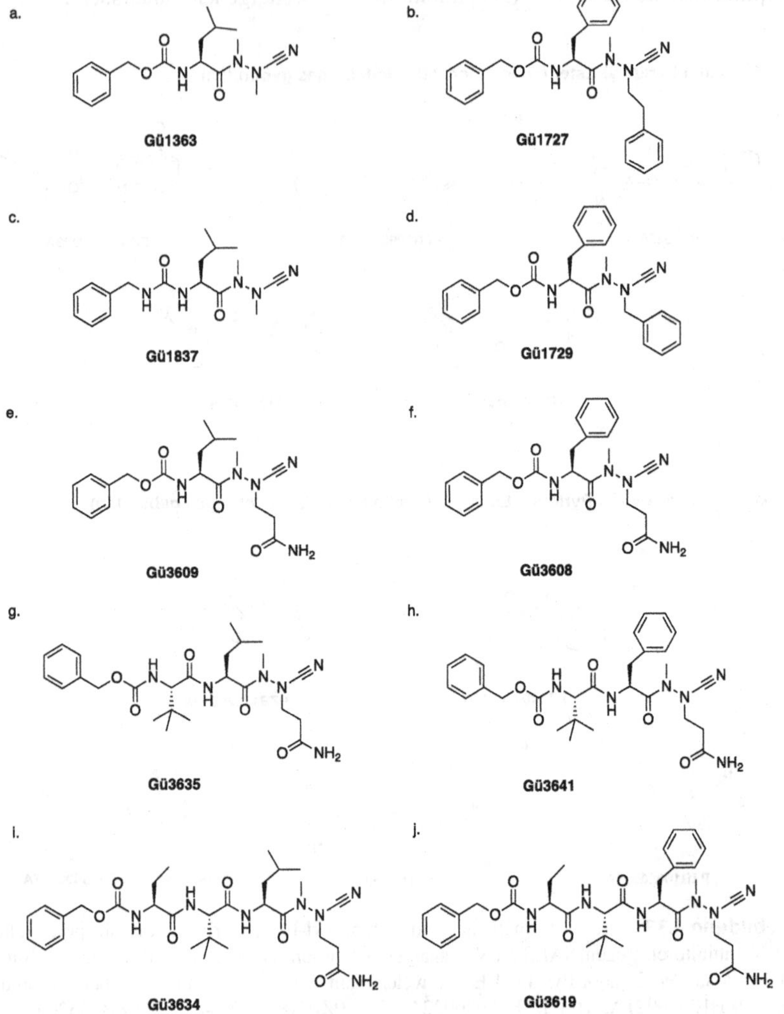

Abbildung 4.34 Strukturformeln der peptid-ähnliche Derivate, die als potentielle M^{Pro}-Inhibitoren gegen SARS-CoV-2 analysiert wurden. (a.) Gü1363, (b.) Gü1727, (c.) Gü1837, (d.) Gü1729, (e.) Gü3609, (f.) Gü3608, (g.) Gü3635, (h.) Gü3641, (i.) Gü3634 und (j.) Gü3619

4.5.1.1 Bestimmung der Zytotoxizität der potentiellen M^{Pro}-Inhibitoren

Bevor die antivirale Wirkung der Proteaseinhibitoren auf die SARS-CoV-2 Replikation analysiert wurde, wurde zunächst die Zytotoxizität der Proteaseinhibitoren auf den verschiedenen Zelllinien Vero *h-slam*, Huh-7 und Calu-3 ermittelt. Die Ergebnisse wurden in Zusammenarbeit mit Viktoria Diesendorf und Valeria Roll (AG Bodem) zusammengetragen. Hierzu wurden die Zelllinien Vero *h-slam* und Huh-7 in optische 96-Napf-Platten ausgesät und am nächsten Tag die Zellzahl der Näpfe mit dem Ensight Multimode Plattenleser (PerkinElmer) bestimmt. Die Substanzen wurden im Anschluss in 10 μM und 30 μM in sechs Replikaten zugegeben. Nach 72 h Inkubation wurde die absolute Zellzahl erneut bestimmt. Aus den absoluten Zellzahlen zum Zeitpunkt 0 h und 72 h wurde das relative Zellwachstum ermittelt. Da die Bestimmung des relativen Zellwachstumes oftmals nicht eindeutig die Zytotoxizität ermitteln konnte, wurde zusätzlich die Zytotoxizität mit Zellviabilitätstests überprüft. Hierzu wurden die Zelllinien Vero *h-slam*, Huh-7 und Calu-3 in 96-Napf-Platten ausgesät. Die Substanzen wurden in den Endkonzentrationen von 10 μM und 30 μM zugegeben und 72 h inkubiert. Die Zellviabilität der Zellen wurde daraufhin mit dem CellTiter 96® AQ$_{ueous}$ Non-Radioactive Cell Proliferation Assay (Promega) nach Herstellerangabe bestimmt (Tabelle 4.1). In der Tabelle wurden nur Substanzen gelistet, die auf einer oder mehreren Zelllinien zytotoxische Effekte aufzeigten.

Tabelle 4.1 Bestimmung der Zytotoxizität der potentiellen M^{Pro}-Inhibitoren in Vero h-slam-, Huh-7- und Calu-3-Zellen

Substanz	Zytotoxizität in		
	Vero *h-slam*	Huh-7	Calu-3
21 A	nicht toxisch	nicht toxisch	≥ 30 μM
22 A	nicht toxisch	nicht toxisch	≥ 10 μM
Gü1727	≥ 30 μM	≥ 10 μM	≥ 30 μM
Gü1837	≥ 30 μM	≥ 10 μM	≥ 30 μM
Gü1729	≥ 30 μM	≥ 10 μM	≥ 30 μM

Die Proteaseinhibitoren zeigten auf der Zelllinie Vero *h-slam* kaum Zytotoxizität, während die Zelllinien Huh-7 und Calu-3 höhere Zytotoxizität der Substanzen zeigten. In Huh-7- bzw. Calu-3-Zellen wurde bei fünf Verbindungen eine Zytotoxizität im Bereich von 10 bzw. 30 μM ermittelt, wodurch diese in der antiviralen Analyse nicht weiter berücksichtigt wurden (Tabelle). Diese Substanzen zeigten in Vero-Zellen auch in einer Endkonzentrationen von 30 μM teilweise zytotoxischen Effekte.

4.5.1.2 Indol-Pyridinyl-Ester und peptid-ähnliche Strukturen wirken antiviral

Anschließend wurde die potentielle Hemmung der viralen Replikation durch die M^{Pro}-Inhibitoren in Infektionsexperimenten mit SARS-CoV-2 analysiert. Hierzu wurden die Zellen in 48-Napf-Platten ausgesät, mit den Substanzen in einer Endkonzentration von 30 μM in biologischen Triplikaten inkubiert und anschließend mit SARS-CoV-2 (MOI 0,5) infiziert. Nach 24 h erfolgte ein Mediumswechsel mit erneuter Substanzzugabe. Die Zellkulturüberstande wurden 72 h nach der Infektion abgenommen, durch Bindungspuffer mit Poly(A) und Proteinase K inaktiviert und bei 72 °C, 10 min inkubiert. Die virale RNA wurde mit dem „High Pure Viral Nucleic Acid" Kit isoliert und in 50 μl eluiert. Anschließend erfolgte die Quantifizierung der viralen Genomkopien unter Verwendung des Modular Sarbecovirus SARS-CoV-2 Kits mit dem LightCycler 480 II (Tabelle 4.2).

In bereits vorherigen Untersuchungen unserer Kooperationspartner wurden IC_{50}-Werte in einem in vitro-Enzymtests bestimmt (eigene Publikation: [63]). Wie zu erwarten, korrelieren die beobachteten antiviralen Inhibitionen nicht mit den IC_{50}-Werten des in vitro-Enzymtestes, da die Aufnahme und der Export aus der Zelle substanzspezifisch ist.

Die strukturell ähnlichen Indol-Pyridinyl-Ester wurden in zwei Gruppen unterteilt. Die Hälfte dieser Substanzen zeigte die Esterverbindung am 5-Ring (Position 2 des Indolringes), die andere Hälfte der M^{Pro}-Inhibitoren war als Ester mit dem 6-Ring (Position 4–7 des Indolringes) verbunden. Diese Substanzen (17 A, 19 A, 21 A, 22 A, 61 A und Yazh-2K219) inhibieren die virale Replikation in Vero h-slam-Zellen bei einer Endkonzentration von 30 μM um bis zu 3,8 Größenordnungen (Tabelle 4.2). Im Gegensatz dazu, unterdrückten 17 A, 19 A, 23 A und 61 A die virale Replikation in Calu-3-Zellen um bis zu zwei Größenordnungen, obwohl die IC_{50} von 61 A zehnmal größer war (eigene Publikation: [63]). Die Substanzen 21 A und 22 A wurden aufgrund ihrer Zytotoxizität auf Calu-3 nicht weitergehend analysiert.

Die Substanzen 17 A und 19 A lassen sich aufgrund ihrer Struktur und ähnlichen antiviralen Größenordnungen in den drei getesteten Zelllinien vergleichen. Der Proteaseinhibitor 17 A ist durch einen Chloropyridinring gekennzeichnet, während 19 A durch das Vorhandensein eines Bromopyridinringes charakterisiert werden kann (Abbildung 4.33, B. a.–b.). Beide Strukturen zeigen eine starke antivirale Aktivität auf Vero h-slam-Zellen von drei bzw. vier Größenordnungen. Diese antivirale Wirkung ist in Huh-7-Zellen sogar nochmals verstärkt auf vier bzw. fünf Größenordnungen. Lediglich die antivirale Wirkung auf Calu-3-Zellen ist mit etwa einer Größenordnung geringer.

Tabelle 4.2 Antivirale Inhibition der Proteaseinhibitoren bei Infektion mit SARS-CoV-2
na: nicht analysiert; *: bisher einmal analysiert

Substanzklasse	Substanz [30 μM]	antivirale Wirkung in Größenordnungen auf den Zelllinien		
		Vero *h-slam*	Huh-7	Calu-3
2-Indol-Pyridinyl-Ester	21 A	0,6 ± 0,2	0,8 ± 0,2	toxisch
	22 A	1,4 ± 0,2	2,8 ± 1,3	toxisch
	23 A	0	2,0 ± 0,2	1,6*
	66 A	0	0	0*
	68 A	0	0	0*
2-, 3- bzw. 4-Indol-Pyridinyl-Ester	17 A	3,8 ± 0,5	4,2 ± 0,1	1,0*
	19 A	2,8 ± 1,1	5,3 ± 0,1	1,3*
	61 A	0,6 ± 0,4	2,4 ± 0,1	2,0*
	65 A	0	0*	na
	Yazh2K219	3,8 ± 0,3	3,7 ± 0,5	1,7*
Peptid-ähnliche Verbindungen „Peptidomimetics"	Gü1363	0	3,2 ± 0,8	na
	Gü1727	toxisch	toxisch	toxisch
	Gü1837	toxisch	toxisch	toxisch
	Gü1729	toxisch	toxisch	toxisch
	Gü3609	0	0,5 ± 0,1	0*
	Gü3608	4,1 ± 0,7	1,0 ± 0,1	0*
	Gü3635	0	0,5 ± 0,2	0*
	Gü3641	0	1,6 ± 0,6	0*
	Gü3634	0	0	0*
	Gü3619	0	0,8*	0*

Im weiteren Verlauf des Experimentes wurden die Strukturen 17 A, 61 A und Yazh-2K219 miteinander verglichen. Hierbei wurde eine differenzierte antivirale Wirkung je nach Verknüpfung des Indolringes an Position 4 (17 A), 6 (61 A) oder 7 (Yazh-2K219) deutlich (Abbildung 4.33, B. a., c., e.). Die Substanz 61 A, welche an der 6. Position des Indolringes mit dem Esterrest verknüpft ist, zeigt auf der Zelllinie Vero *h-slam* nur eine sehr schwache antivirale Wirkung (kleiner als eine Größenordnung). Wohingegen die Verknüpfung an der 2. bzw. 4. Position eine deutlich höhere antivirale Wirkung von fast vier Größenordnungen in

Vero *h-slam*-Zellen hervorbringt. Die antivirale Inhibition auf Huh-7-Zellen hingegen zeigte bei allen Zelllinien eine Reduktion der Viruslast im Bereich von zwei bis fünf Größenordnungen. Auch auf Calu-3-Zellen wurde eine antivirale Reduktion durch Zugabe der Substanzen erzielt. Wie für diese Zelllinien typisch, wurde allerdings die geringste Inhibition der Substanzen ermittelt (maximal zwei Größenordnungen, Tabelle 4.2).

Überraschenderweise reduzierte die Substanz 23 A die Viruslast in Huh-7- und Calu-3- Zellen um zwei Größenordnungen, wohingegen die virale Genomkopienanzahl in Vero *h-slam*-Zellen um weniger als eine Viertel Größenordnung verringert wurde (Tabelle 4.2). Grund hierfür kann die Überexpression des „multi-drug resistence" Proteins in Vero *h-slam*-Zellen sein, das zum Export der Substanz führt. Meine Resultate verdeutlichen, dass es essentiell ist, die antiviralen Verbindungen in mehr als einer Zelllinie zu untersuchen. Ähnliche Resultate wurden bereits mit der Substanz Chloroquin publiziert, welche in Calu-3-Zellen keine Hemmung der viralen Aktivität hervorbrachte (Abbildung 4.19, D.) (eigene Publikation: [99]; [45]).

Die Proteaseinhibitoren 66 A und 68 A, welche strukturell durch eine Veränderung des 5-Ringes des eigentlichen Indoles gekennzeichnet sind, zeigen im Vergleich zu 21 A in allen drei Zelllinien keine Suppression von SARS-CoV-2 (Abbildung 4.33, A., d.–e.). Dies deutet daraufhin, dass Indol-Pyridinyl-Ester aktiver gegen SARS-CoV-2 sind als Thiophen- (66 A) bzw. Furanderivate (68 A) (Tabelle 4.2). Die Zelllinien-spezifische Virusinhibition ist erstaunlich, da die getesteten Verbindungen direkt auf die virale Protease abzielen. In Studien über Medikamente, die gegen HIV-1 antiviral wirksam sind, wurde dies nicht diskutiert, da auch hier nur Jurkat- oder MT-4-Zellen analysiert wurden [133].

Des Weiteren wurden potentielle Proteaseinhibitoren analysiert, die eine peptid-ähnliche Struktur besitzen und daher als „Peptidomimetics" bezeichnet werden (Abbildung 4.34). Hierbei wurden bei 10 Kandidaten zunächst die Zytotoxizität in den unterschiedlichen Zelllinien ermittelt. Die Substanzen Gü1727, Gü1837 und Gü1729 zeigte dabei auf allen getesteten Zelllinien einen zytotoxischen Effekt (Tabelle 4.1). Daraufhin wurde die antivirale Wirkung der nicht toxischen, peptid-ähnlichen Proteaseinhibitoren bestimmt. Hierbei zeigten nur zwei der peptid-ähnlichen Inhibitoren einen antiviralen Effekt, der mehr als drei Größenordnungen reduzierte. Gü3608 war die einzige Substanz, die eine antivirale Wirkung in allen Zelllinien zeigte. Sie inhibierte die Virusreplikation in Vero *h-slam*-Zellen um vier Größenordnungen. Die Inhibition in Huh-7- und Calu-3-Zellen fällt jedoch deutlich geringer mit einer Größenordnung bzw. mit keiner Inhibition aus (Tabelle 4.2).

Da Gü3608 die virale Replikation um mehr als vier Größenordnungen reduzierte und 17 A und 19 A die viralen Replikation ebenfalls um mehr als drei
Größenordnungen unterdrücken, wurde beschlossen, die EC_{50}-Werte für 17 A,
19 A und Gü3068 zu bestimmen. Hierzu wurden Vero *h-slam*-Zellen ausgesät, die
Substanzen in drei Endkonzentrationen zugegeben und mit SARS-CoV-2 (MOI
1) infiziert. Drei Tage nach der Infektion wurden die Zellkulturüberstände abgenommen, durch Zugabe von MagNA Pure LC Total NA Lyse/Bindungspuffer
inaktiviert und aus dem S3-Labor ausgeschleust. Die virale RNA wurde mit
dem MagNA Pure 24 System (Roche) isoliert und in 100 µl eluiert. Mit dem
LightCycler 480 II (Roche) wurde die Anzahl der viralen Genomkopien unter
Verwendung des LightMix Modular Sarbecovirus SARS-CoV-2 Kits (TIB Molbiol) quantifiziert. Mit der Software GraphPad PRISM wurde im Anschluss die
mittlere effektive Wirkungskonzentration (EC_{50}-Wert) der Substanzen bestimmt
(Abbildung 4.35).

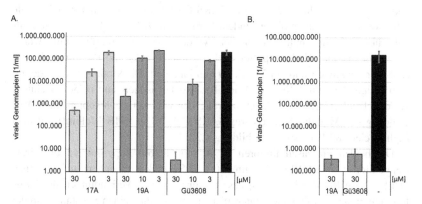

Abbildung 4.35 Bestimmung der mittleren effektiven Wirkkonzentration der Substanzen
17 A, 19 A und Gü3608 in Vero h-slam-Zellen und antivirale Wirkung von 19 A und Gü3608
auf humanen PCLS. A. Vero h-slam-Zellen wurden mit den Substanzen inkubiert und mit
SARS-CoV-2 infiziert. Drei Tage nach der Infektion wurde die virale RNA mit RT-qPCR
quantifiziert (Säulen: Mittelwert der vorrangegangenen biologischen Triplikate; Fehlerbalken: Standardabweichung). B. Humane PCLS wurden mit den Substanzen inkubiert und
mit SARS-CoV-2 infiziert. Nach drei Tagen Infektion wurden die Zellkulturüberstände auf
Vero-Zellen gegeben und die virale Genomkopienanzahl quantifiziert (Säulen: Mittelwert der
biologischen Triplikate; Fehlerbalken: Standardabweichung)

Hierbei wurde bei der Substanz 17 A ein EC_{50}-Wert von 5,8 µM ermittelt,
während bei der IC_{50}-Bestimmung mit dem *in vitro*-Enzymtestes ein Wert von

$0,3 \pm 0,1$ µM bestimmt wurde. Die Bestimmung des EC_{50}-Wertes der Substanz 19 A ergab einen Wert von 9,95 µM, wohingegen bereits bei $0,2 \pm 0,1$ µM eine 50 % Inhibition der Protease *in vitro* nachgewiesen wurde. Die Bestimmung der mittleren effektiven Wirkkonzentration bei Zugabe der Substanz Gü3608 wurde mit 2,4 µM ermittelt und liegt damit im selben Bereich, wie die zuvor bestimmte IC_{50} mit $2,3 \pm 0,1$ µM (Abbildung 4.35, A.) (eigene Publikation: [63]).

4.5.1.3 Zwei der Proteaseinhibitoren zeigen auch eine antivirale Wirkung in hPCLS

Nachdem sich die Proteaseinhibitoren 19 A und Gü3608 als die, am effektivsten antiviral wirkende Substanzen dieser Substanzklassen herauskristallisiert haben, wurde sie in humanen PCLS untersucht. Humane PCLS stellen aktuell das patienten-näheste Infektionssystem dar, welches uns zur Verfügung stand. Die PCLS wurden in Zusammenarbeit mit Valeria Roll (AG Bodem) mit 19 A und Gü3608 in einer Endkonzentration von 30 µM in biologischen Triplikaten inkubiert und anschließend 72 h mit SARS-CoV-2 (MOI 10) infiziert. Die virale Infektiosität wurde quantifiziert, indem Vero *h-slam*-Zellen 72 h mit diesem Zellkulturüberstand in Duplikaten infiziert wurden. Der Zellkulturüberstand wurde abgenommen, mit Bindungspuffer, welcher mit Poly(A) und Proteinase K versetzt war, inaktiviert und bei 72 °C, 10 min inkubiert. Die virale RNA wurde mit dem „High Pure Viral Nucleic Acid" Kit (Roche) isoliert und in 50 µl eluiert. Anschließend erfolgte die Quantifizierung der viralen Genomkopien unter Verwendung des Modular Sarbecovirus SARS-CoV-2 Kits (TIB Molbiol) mit dem LightCycler 480 II (Roche) (Abbildung 4.35, B.).

Die beiden Proteaseinhibitoren 19 A und Gü3608 supprimieren die virale Replikation von SARS-CoV-2 um etwa 4,5 Größenordnungen auf humanen PCLS. Diese Resultate belegen, dass die untersuchten Verbindungen die virale Replikation auch in Patienten unterdrücken, obwohl die beiden Substanzen in der Patienten-nähsten *in vitro* Untersuchung auf Calu-3-Zellen die Virusreplikation lediglich um maximal eine Größenordnung unterdrückt haben (Abbildung 4.35, B.; Tabelle 4.2). Hieraus wurde deutlich, dass die Überprüfung der antiviralen Aktivität auf mehrere Zelllinien essentiell ist, um schlecht oder kaum wirksame Kandidaten auszuschließen. Ebenso ist die antivirale Wirkung auf dem humanen Gewebemodell PCLS zu prüfen, noch bevor die potentiellen Medikamente in klinischen Studien eingesetzt werden.

Zusammenfassend wurde durch dieses Projekt gezeigt, dass die Charakterisierung der direkt antiviral wirkenden Substanzen gegen SARS-CoV-2 bisher auf einem Zellkultursystem beruhen. Replizierende Viren in Calu-3-Zellen waren im Vergleich zu Viren, welche auf Vero *h-slam*-Zellen repliziert wurden, weniger empfindlich gegenüber den Verbindungen 17 A, 19 A, Yazh-2K219 und Gü3608. Diese Tatsache könnte Grund für einen besseren Aussagewert für Arzneimittel *in vivo* sein. Wenn beispielsweise Calu-3-Zellen die Verbindungen schlechter aufnehmen als das *in vivo*-Gewebe, würde dies zu einer geringeren Wirkung in Calu-3-Zellen führen. Da die Aufnahme im *in vivo*-Gewebe nur durch humane PCLS bestimmt werden kann, liefern diese Ergebnisse womöglich die Patienten-nähesten antiviralen Resultate.

4.5.2 Naphthylisochinoline zeigen antivirale Wirkung gegen SARS-CoV-2

Naphthylisochinoline gehören chemisch zu der Gruppe der Alkaloide, die strukturell aus Isochinolin- und Naphthalin-Anteilen zusammengesetzt sind [134]. Naphthylisochinolin-Alkaloide sind chirale Verbindungen, die durch eine axiale Chiralität der C-N- oder C-C-Achse zwischen der Isochinolin- und dem Naphthalin-Baustein gekennzeichnet sind. Viele dieser Alkaloide zeigen Atropisomerie aufgrund des Vorhandenseins von sperrigen Ortho-Substituenten, woraus eine Rotationshinderung entsteht [135, 136]. Atropisomerie ist ein wichtiges Strukturmerkmal von Naphthylisochinolinen, wodurch die Synthese eine große Herausforderung darstellt.

Je nach Struktur zeigen sie unterschiedliche biologische Aktivitäten [136]. Naphthylisochinoline sind sowohl wirksam gegen den Malaria-Erreger *Plasmodium falciparum* [137–139], als auch gegen Trypanosomen [137, 140] und den Leishmaniose-Erreger *Leishmania major* [141]. Zudem zeigen sie zytotoxische Eigenschaften [139, 142]. Interessanterweise haben dimere Naphthylisochinoline auch starke antivirale Aktivitäten gegen HIV-1 und HIV-2 gezeigt [136]. Diese antiviralen Effekte beruhen auf der Hemmung viraler Enzyme, z. B. der reversen Transkriptasen (RT) von HIV-1 und HIV-2, sowie der humanen Alpha- und Beta-DNA-Polymerasen. Außerdem können sie die späten Stadien der Virusreplikation stören, indem sie die Zellfusion und die Synzytienbildung inhibieren [143, 144]. Um weitere antivirale Effekte der Substanzklasse der Naphthylisochinoline zu untersuchen, wurde eine Bibliothek von 65 Naphthylisochinolin-Alkaloiden auf ihre *in vitro*-Aktivität untersucht. Da ausschließlich Korupensamin A (AKS-456) eine antivirale Aktivität aufwies, wurden nachfolgend nur die Substanzen Korupensamin A und dessen Atropisomer Korupensamin B weiter beschrieben (Abbildung 4.36).

Abbildung 4.36
Strukturformel von
Korupensamin A (A.) und
Korupensamin B (B.)

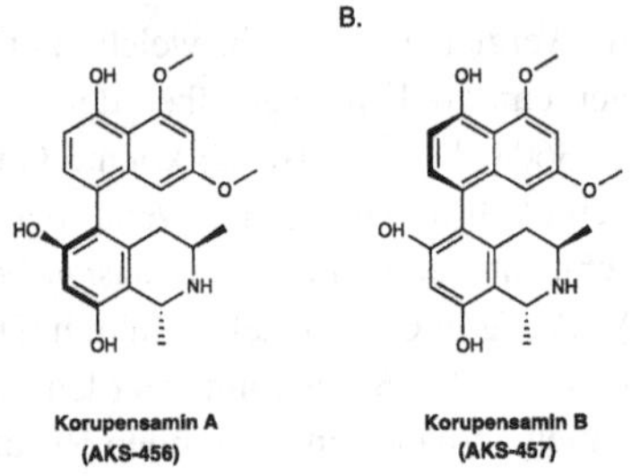

Korupensamin A
(AKS-456)

Korupensamin B
(AKS-457)

4.5.2.1 Bestimmung der Zytotoxizität der Substanzen Korupensamin A und B

Zu Beginn wurde die Zytotoxizität der Substanzen Korupensamin A und B auf Vero-Zellen bestimmt. Hierzu wurden Vero *h-slam*-Zellen auf einer optischen 96-Napf-Platte ausgesät. Die Zellzahl pro Napf ist am nächsten Tag mit dem Ensight Multimode Plattenleser bestimmt worden. Die Substanzen AKS-456 und AKS-457 wurden anschließend in den Endkonzentrationen von 10 μM, 30 μM und 60 μM in sechs Replikaten zugegeben. Als Zellwachstumskontrolle wurden Vero-Zellen mit Medium behandelt. Nach 72 h wurde erneut die Anzahl der Zellen gemessen. Aus den Messungen nach 0 h und 72 h wurde das relative Zellwachstum errechnet (Abbildung 4.37, A.).

Der Zytotoxizitätstest zeigte auf, dass die Substanz AKS-456 ab einer Endkonzentration von 60 μM toxisch auf Vero-Zellen wirkt. Die Substanz AKS-457 hingegen zeigte in den drei getesteten Endkonzentrationen von 10 μM, 30 μM und 60 μM, keinen zytotoxischen Effekt (Abbildung 4.37, A.).

4.5.2.2 Korupensamin A inhibiert die SARS-CoV-2-Replikation und wirkt als M^{Pro}-Inhibitor

Um die antivirale Aktivität von AKS-456 und AKS-457 gegenüber SARS-CoV-2 zu analysieren, wurden in eine 48-Napf-Platte Vero *h-slam*-Zellen ausgesät. Nach einem Tag Inkubationszeit wurden die Substanzen AKS-456 in den Endkonzentrationen 10 μM und 30 μM und AKS-457 in 30 μM in Triplikaten hinzugegeben und mit SARS-CoV-2 (MOI 1) infiziert. Nach drei Tagen wurde der Zellkulturüberstand abgenommen und mit MagNA Pure LC Total NA Lyse/Bindungspuffer (Roche) inaktiviert. Die virale RNA wurde mit dem MagNA Pure 24 System (Roche) isoliert, sowie in 100 μl eluiert. Die Menge der viralen Genomkopien wurde mittels RT-qPCR unter Verwendung des LightMix Modular Sarbecovirus SARS-CoV-2 Kits (TIB Molbiol) mit einem LightCycler 480 II (Roche) quantifiziert (Abbildung 4.37).

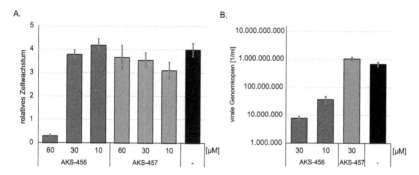

Abbildung 4.37 Korupensamin A (AKS-456) inhibiert im Gegensatz zu Korupensamin B (AKS-457) die SARS-CoV-2 Replikation, nur Korupensamin A (AKS-456) zeigt bei einer Endkonzentration von 60 μM zytotoxische Effekte auf Vero-Zellen. A. Vero-Zellen wurden 72 h mit den Substanzen inkubiert. Zum Zeitpunkt 0h und 72 h wurde die absolute Zellzahl pro Napf bestimmt, daraus wurde das relative Zellwachstum berechnet (Säulen: Mittelwert der biologischen sechs Replikate; Fehlerbalken: Standardabweichung). B. Vero-Zellen wurden mit Korupensamin A und Korupensamin B inkubiert und nach drei Tagen Infektion wurde die virale Genomkopienanzahl mit RT-qPCR bestimmt (Säulen: Mittelwert der biologischen Triplikate; Fehlerbalken: Standardabweichung)

Die Substanz Korupensamin A (AKS-456) zeigte ab einer Konzentration von 10 μM eine signifikante antivirale Aktivität gegen SARS-CoV-2 von etwas mehr als einer Größenordnung (P-Werte: 10 μM/30 μM: p < 0,001). Bei einer Endkonzentration von 30 μM wurde die Virusreplikation von SARS-CoV-2 um zwei Größenordnungen inhibiert (P-Wert: p = 0,002). Vergleichend dazu, wurde das Derivat Korupensamin B (AKS-457) analysiert, welches keinen antiviralen Effekt bei einer Endkonzentration von 30 μM zeigt (Abbildung 4.37). In weitergehenden Untersuchungen unserer Kooperationspartner wurde anhand einer Modellierung beschrieben, dass die Substanz Korupensamin A mit der M^{Pro}-Protease interagiert (eigene Publikation: [145]).

Diskussion

5

Die seit Dezember 2019 vorherrschende COVID-19-Pandemie konnte trotz intensiver Impfstoffentwicklung und internationalen Impfkampagnen bis heute nicht unterbunden werden. Eine vergleichsweise schnell abfallender protektiver Antikörper-Schutz durch die Impfung gegen SARS-CoV-2 oder durch eine Infektion mit dem Erreger zeigen, dass dieser Schutz nicht ausreichend ist. Eine im Oktober 2021 veröffentlichte Studie zeigt, dass der durch den mRNA-Impfstoff BNT162b2 (BioNTech) – induzierte protektive Schutz vor einer SARS-CoV-2-Infektion vier Monate nach der zweiten Dosis der Grundimmunisierung allmählich abfällt. Erstaunlicherweise erreicht der Impfstoff 5–7 Monaten nach der zweiten Dosis nur noch eine Wirksamkeit von ca. 20 % [5]. Eine weitere Studie untersuchte die Wirksamkeit des mRNA-Impfstoffes gegen die aktuell vorherrschenden Sublinien der Omikron-Variante (B.1.1.529 BA.1–BA.5). Die Wirksamkeit des Impfstoffes bietet ausschließlich durch eine Auffrischimpfung einen protektiven Schutz gegen schwere Erkrankungen, die mitunter durch die Omikron-Variante verursacht werden. Da die Anzeichen für ein schnelles Nachlassen der Wirksamkeit daraufhin deuten, dass regelmäßige Auffrischungen erforderlich sind, ist es unverlässlich auch Medikamente gegen SARS-CoV-2 zu entwickeln [146]. Diese Arbeit leistet einen wichtigen Beitrag zur Entwicklung antiviraler Medikamente gegen SARS-CoV-2, indem verschiedene Strategien der antiviralen Wirkung untersucht werden. Es wurden dabei sowohl der „Off-Label"-Einsatz von Medikamenten genutzt, als auch Angriffspunkte verschiedener zellulärer Signalwege beschrieben.

N. Geiger, *Charakterisierung des Wirkmechanismus von Selektiven Serotonin-Wiederaufnahme-Inhibitoren (SSRI) bei Infektion mit SARS-CoV-2*, BestMasters, https://doi.org/10.1007/978-3-658-43071-9_5

5.1   Mechanismus der SARS-CoV-2 Infektionen des Zentralen Nervensystems

Im Laufe der Pandemie entwickelten eine erhebliche Anzahl an COVID-19-Patienten neurologische Symptome, wie Schwindel, Kopfschmerzen und Enzephalitis [101, 104]. Der genaue Mechanismus wie SARS-CoV-2 in das Gehirn eindringen kann, war unbekannt. Andere Viren wie HIV-1 und Masern überwinden die Blut-Hirn-Schranke in infizierten T-Zellen oder Makrophagen [147, 148]. Bei einer Ebola-Infektion ist weitgehend unbekannt, wie das Virus die Blut-Hirn-Schranke übertritt. Allerdings wurde für eine Infektion außerhalb des Gehirns eine Infektion von Endothelzellen und das Auslösen einer Zytokin-Antwort nachgewiesen. Da das Virus bereits in cerebralen Strukturen identifiziert wurde, könnte dies auf einen ähnlichen Mechanismus beim Übertritt der Blut-Hirn-Schranke hindeuten [149]. Das Tollwut-Virus nutzt im Gegensatz dazu einen anderen Mechanismus, um Hirngewebe zu infizieren. Hierbei wandern die Viren innerhalb peripherer Nerven bis hin zu den zentralvenösen Strukturen des Rückenmarks und schließlich zum Gehirn [150, 151]. Ein ähnlicher Infektionsmechanismus führt zu Herpes-simplex-Virus Typ-2 (HSV-2) vermittelter Enzephalitis. Dabei repliziert das Virus im ZNS, nachdem es in periphere sensorische Nerven eingedrungen und entlang der Spinalganglien gewandert ist [152].

Für eine SARS-CoV-2-Infektion des Gehirns werden verschiedene Mechanismen postuliert, wie das Virus die cerebrale Strukturen infizieren kann.

Einige Hypothesen sind die Virusweitergabe von Neuron zu Neuron über bipolare Zellen des nasalen Epitheliums, die Ausbreitung über die Blut-Hirn-Schranke sowie der Transport über den Vagusnerv des Hirnstammes [153–155]. Ebenso konnte bislang die Migration über die Blut-Hirn-Schranke durch Transmigration von SARS-CoV-2-infizierten Leukozyten nicht ausgeschlossen werden. In Kooperation mit dem Fraunhofer Institut ITMP, Hamburg und dem Lehrstuhl für Tissue Engineering und Regenerative Medizin, Würzburg wurde im Rahmen dieser Arbeit der potentielle Eintrittsweg von SARS-CoV-2 in cerebrale Strukturen untersucht. Da bisher kein Tiermodell alle physiologischen Eigenschaften, die essentiell für eine SARS-CoV-2-Infektion sind, erfüllt, wurde ein Infektionsmodell basierend auf humanen pluripotenten Stammzellen entwickelt. Hierzu wurde das hiPSC-BCEC Organoidmodell verwendet, welches der humanen Blut-Hirn-Schranke in der Morphologie, der Expression der Oberflächenrezeptoren sowie den funktionellen Eigenschaften ähnelt. Innerhalb dieses Modells wurde der Eintritt und die Replikation von SARS-CoV-2 beobachtet (Abbildung 4.2). Unsere Analysen zeigten, dass der Virus aktiv auf der apikalen, dem Lumen zugewandten Seite der Organoide replizieren kann. Gleichfalls wurde der transzelluläre Transport sowie die Freisetzung der Virionen auf der basolateralen Seite beobachtet (eigene Publikation: [22]). Diese Resultate stimmen mit der vorherigen Publikation von Rhea *et al.* überein, die zeigt, dass isolierte Spike-Proteine die Blut-Hirn-Schranke im Mausmodell überqueren können [156]. Ebenso wurde transkriptionelle Veränderungen, welche im neurovaskulären Gewebe von COVID-19-Patienten entdeckt wurde, anhand dieses Modells rekapituliert. Mit Hilfe dieses Infektionsmodelles können somit die molekularen Folgen einer SARS-CoV-2 Infektion im neurovaskulären Gewebe erforscht werden. Das etablierte Infektionsmodell ermöglicht ebenso Analysen der zellulären Suszeptibilität, der Pathophysiologie und weiterer Behandlungsstrategien für SARS-CoV-2 Infektionen.

Aufbauend auf früheren Erkenntnissen, wurde ein Organoidmodell verwendet, welches einfach herzustellen, robust ist und reproduzierbare Daten liefert [157, 158]. Die genutzten hiPSC-BCEC weisen ein Transkriptom auf, welches vergleichbar zu frisch isolierten Gehirngefäßen aus humanen Hirnbiopsien ist. Nach der Infektion mit SARS-CoV-2 wurden im hiPSC-BCEC Modell pathophysiologische Merkmale auf zellulärer und molekularer Ebene beobachtet, wobei eine signifikante Hochregulierung von Genen, die an Interferon-Signalwegen beteiligt sind, nachgewiesen wurde. Ebenso weisen unsere Resultate daraufhin, dass Endothelzellen nach Kontakt mit SARS-CoV-2 eine Hochregulierung des Interferon-Signalweges zeigen, welche unabhängig von Immunzellen ist (eigene Publikation: [22]).

5.2   Die ACE2-Expression bestimmt die Infizierbarkeit der Zellen

ACE2 wurde als Hauptrezeptor für den Eintritt von SARS-CoV-2 in die Wirtszelle charakterisiert und wurde zelltypspezifisch in unterschiedlichen Geweben lokalisiert. Eine hohe ACE2-Expression, sowohl auf mRNA- als auch auf Proteinebene, konnte im Darmtrakt, der Niere, der Gallenblase und dem Herz nachgewiesen werden [159]. Dabei wurden durch mehrere Studien COVID-19-bezogene Symptome in Organen mit hoher ACE2-Expression identifiziert, darunter gastrointestinale Symptome, Nierenversagen sowie Herzschäden [160–164]. Geringe bis mäßige ACE2-Expression wurde dahingegen in Gehirnregionen nachgewiesen (eigene Publikation: [22]; [165]). Die Infizierbarkeit von verschiedener Zelllinien mit unterschiedlicher ACE2-Expression wurde in dieser Arbeit verglichen (Abbildung 4.3 + 4.4). Hierdurch wurde gezeigt, dass der Gewebstropismus und die ACE2-Expression direkt mit der Infizierbarkeit korrelieren. Dies bestätigt, dass die ACE2-Expression essentiell für dem viralen Eintritt in die Wirtszellen ist. Ebenso wurden durch pharmakologische Blockierungsexperimente gezeigt, dass sowohl die Transmembran-Protease TMPRSS2 als auch Neurophilin-1 (NRP-1) beim viralen Eintritt von SARS-CoV-2 als Schlüsselproteine beteiligt sind und auch sie als vielversprechende Ziele der Inhibition des Eintrittes dienen (Abbildung 1.3) (eigene Publikation: [22]). Ein vielversprechendes Medikament ist hierbei eben Camostat auch das Medikament Nafamostat, welches als Medikament für Bauchspeicheldrüsenentzündungen zugelassen ist. Im Rahmen einer Applikation des Medikamentes als Spray in die oberen Atemwege wurde entdeckt, dass eine Infektion mit SARS-CoV-2 dadurch gehemmt werden kann [37].

5.3 Ceramide regulieren die SARS-CoV-2 Replikation

Durch unsere Arbeiten wurde gezeigt, dass AKS-466 sowie Fluoxetin die saure Ceramidase inhibieren, und zu einem Anstieg der zellulären Ceramidkonzentration führen. Weiterhin konnte nachgewiesen werden, dass durch Zugabe von Fluoxetin und C6-Ceramid die Lysosomen stärker azidifiziert werden, wodurch die Virusfreisetzung supprimiert wurde.

Ein plausibler Mechanismus der antiviralen Wirkung der Fluoxetin-Derivate und Ceramide ist die Ceramid-vermittelte Regulierung des PI3K/Akt/mTOR-Signalweges. Akt, auch bekannt als Proteinkinase B (PKB), ist eine Serin/Threonin-Kinase und ist ein wichtiges Ziel „downstream" von PI3K [166]. Zhou *et al.* zeigten, dass durch Zugabe von C2- oder C6-Ceramiden eine Verringerung der Akt-Aktivierung nachgewiesen wurde, wobei diese Verringerung nicht auf eine Erniedrigung der PI3K-Aktivität zurückzuführen ist [167]. Für die maximale Aktivierung von Akt müssen die beiden Reste Thr308 und Ser473 phosphoryliert vorliegen. Wie durch Schubert *et al.* charakterisiert, wird durch Behandlung mit Ceramiden die Phosphorylierung von Ser473 reduziert, während die Phosphorylierung von Thr308 unverändert bleibt [168]. Die Dephosphorylierung des Akt-Restes Ser473 wirkt sich somit negativ auf die Akt-Aktivität aus. Zusammenfassend lassen unsere Resultate vermuten, dass sowohl die Behandlung der Zellen mit Fluoxetin als auch die Behandlung mit Ceramiden inhibierend auf die Akt Phosphorylierung wirken.

Ein physiologisches Ziel der Akt-Kinase ist der mTOR1-Komplex („mechanistic Target of Rapamycin Complex 1" – mTORC1), wodurch eine Inhibierung der Akt-Kinase mit einer Inhibierung des mTORC1 einhergeht. In phosphoryliertem, aktivem Zustand reguliert mTORC1 durch eine Phosphorylierungskaskade die Zellproliferation. Dabei werden Schlüsselproteine und Transkriptionsfaktoren der Protein- und Lipidsynthese stimuliert, wie beispielsweise die ribosomale Untereinheit p70 S6-Kinase 1 (p70 S6K). p70 S6K hat als Zielsubstrat wiederum das ribosomale Protein S6, welches durch Phosphorylierung die Proteinbiosynthese induziert [169]. Rapamycin inhibiert mTORC1, sowie daraus folgend die Proteinbiosynthese [170]. Durch weitere Analysen mit mTORC1- und mTORC2-Inhibitoren gehen wir nun davon aus, dass Fluoxetin zu einer Inhibition des Rapamycin-abhängigen mTORC1 Signalweges führt (Abbildung 5.1).

Darüber hinaus, beschrieben *Tatar et al.* verschiedene antivirale Substanzen in einer Modellierungsstudie, wobei Rapamycin eine hohe Bindungsaffinität an das N-Protein von SARS-CoV-2 aufzeigte. Im Gegensatz zu vorherigen Studien zeigten diese Arbeiten eine vielversprechende Interaktion von Rapamycin mit den Resten (Lys65, Phe66, Pro67, Arg68, Gly69, Gln70, Ile84, Pro122, Tyr123, Gly124, Ala125, Asn126, Ile130, Ile131, Trp132, Val133, Ala134, Thr135, Glu136, Gly137, Ala138, Asn140), welche an der NTD des N-Proteins lokalisiert sind [171]. Somit sind die Translation, die Replikation, das Verpacken der viralen RNA in die Virionen sowie der vollständige Viruszusammenbau mögliche Angriffspunkte der Rapamycin-induzierten Hemmung [170]. Zudem wurde bereits in *in vitro*-Experimenten mit MERS-Infektion gezeigt, dass Rapamycin den PI3K/Akt/mTOR-Signalweg beeinflusst und die Infektion bei Zugabe von Rapamycin in einer Endkonzentration von 10 μM um 61 % inhibiert. Anhand dieses Ergebnisses wurde die kritische Rolle von mTOR bereits bei den nah zu SARS-CoV-2 verwandten MERS-CoV nachgewiesen [172, 173].

Durch vorherige Publikationen wurde bereits bestätigt, dass die Phosphorylierung des mTORC1 Einfluss auf den pH-Wert der Lysosomen nimmt [175, 176] und somit die Aktivierung des mTORC1 den lysosomalen Abbau extrazellulärer Proteine reguliert, indem es die v-ATPase-vermittelte Ansäuerung der Lysosomen unterdrückt. Hierbei wird der Zusammenbau der v-ATPase, welche aus zwei Untereinheiten besteht, inhibiert. V-ATPasen sind Transportproteine, die H^+-Ionen durch ATP-Hydrolyse in Lysosomen einschleusen und dadurch deren Lumen azidifizieren können [176]. Wenn mTORC1 aktiv wird, befindet sich die periphere v-ATPase-V_1-Domäne im Zytosol. Hier wird sie durch Assoziation mit dem Chaperon TRiC stabilisiert. Folglich sind die Lysosomen unter Aktivität

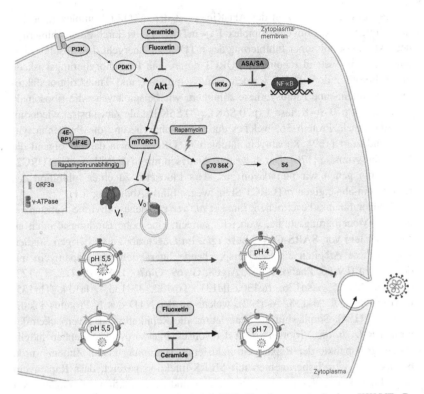

Abbildung 5.1 Übersicht des PI3K/Akt/mTOR-Signalweges und des IKK/NF-κB-Signalweges, sowie schematische Darstellung des lysosomalen Austrittsweges. Der PI3K/Akt/mTOR-Signalweg induziert über die Phosphorylierung des mTORC1 eine Inhibition der v-ATPase. Durch Inhibition des Zusammenbaus der v-ATPase werden keine Protonen in das Lumen der Lysosomen gepumpt. angelehnt an: [174]. (Erstellt mit BioRender.com)

von mTORC1 nicht in der Lage Protonen ins Innere zu pumpen, da der Zusammenbau der v-ATPase nicht von statten geht. Sobald die Aktivität von mTORC1 abfällt, kann die v-ATPase sich funktionell zusammenlagern. Hierbei wandert die v-ATPase-V_1-Dömäne zur membranintegralen v-ATPase-V_0-Dömäne, welche sich in der Lysosomenmembran befindet, wodurch die Protonenpumpe ihre Funktionalität erlangt (Abbildung 5.1) [175, 177].

In einer weiteren Studie wurde unabhängig von mTORC1 nachgewiesen, dass das Nicht-Strukturprotein 6 (nsp6) von SARS-CoV-2 direkt mit ATP6AP1 interagiert. ATP6AP1 ist eine Komponente der v-ATPase-Protonenpumpe und hemmt deren durch Spaltung vermittelte Aktivierung [178]. Ebenso zeigte nsp6 eine Induktion der Autophagosomenbildung aus dem Endoplasmatischen Retikulum. Diese Induktion wurde ebenso durch meine elektronenmikroskopischen Aufnahmen nachgewiesen (Abbildung 4.24). Zusammenfassend lieferte diese Arbeit sowie die weitergehende Charakterisierung des PI3K/Akt/mTORC1-Signalweges Hinweise darauf, dass Ceramide die Signalübermittlung beeinflussen und schließlich die Virusfreisetzung durch Azidifizierung der Lysosomen hemmen.

5.4 Acetylsalicylsäure und Salicylsäure beeinflussen die NF-κB-Aktivierung

Im weiteren Verlauf meiner Arbeit wurde die antivitale Aktivität von ASA und dessen Metabolit SA untersucht. Hierbei wurden die antivirale Wirksamkeit von ASA und SA in verschiedenen Zelllinien aus tierischem und humanem Gewebe sowie in präzisionsgeschnittenen Lungenschnitten (PCLS) von Patienten, bestätigt (eigene Publikation: [46]). Zudem konnte durch klinische Studien gezeigt werden, dass beide Substanzen ASA und SA die Viruslast im Patienten senken. Die anti-inflammatorische sowie gerinnungshemmende Wirkung von ASA, welche kommerziell als Aspirin erhältlich ist, wurde bereits 1987 entdeckt [179].

Wie durch Kopp *et al.* publiziert, wird der Transkriptionsfaktor NF-κB („Nuclear Factor – kappa B") durch Natrium-Salicylat und ASA inhibiert, indem die Degradation des NF-κB Inhibitors IκB verhindert wird [180]. NF-κB ist als spezifischer Transkriptionsfaktor an der Regulation der Immunantwort, der Zellproliferation und der Apoptose der Zelle beteiligt (Abbildung 5.1) [181]. Er induziert die Expression verschiedene zelluläre und virale Gene, die an Entzündungen und Infektionen beteiligt sind, darunter Interleukin-1 (IL-1) und IL-6 [180]. Daraus resultiert auch seine proinflammatorische Wirkung. Es wurde gezeigt, dass ASA und SA die Replikation von Influenza A-Viren beeinflussen, indem sie die NF-κB-Aktivierung blockieren, die für die Synthese viraler genomischer RNAs unerlässlich ist [182–184]. Darüber hinaus aktiviert SARS-CoV-2 schon früh in der Infektion NF-κB, was darauf hindeutet, dass eine Hemmung des NF-κB-Wegs die Virusreplikation unterdrücken könnte [185]. Daraus wurde von uns gefolgert, dass die beobachtete Verringerung der SARS-CoV-2-Replikation durch ASA und SA auf die Hemmung von NF-κB zurückzuführen ist. Dies könnte in prospektiven klinischen Studien weiter analysiert werden. Zudem wird durch Zugabe von ASA und SA der PI3K/Akt-Signalweg inhibiert, wodurch ein ähnlicher Wirkmechanismus wie bei der Behandlung mit Fluoxetin oder Ceramiden plausibel sein könnte (Abbildung 5.1) [186]. Akt aktiviert neben mTORC1 auch die IKKs/NF-κB-Signalkaskade, wodurch der Akt-Kinase eine zentrale Position in beiden Signalwegen zugeschrieben wird. Ebenso könnte daraus resultieren, dass Fluoxetin, Ceramide und Aspirin in jeweils beide Signalwege eingreifen können.

Eigene Publikationsliste

Geiger N, Kersting L, Schlegel J, Stelz L, Fähr S, Diesendorf V, Roll V, Sostmann M, König EM, Reinhard S, Brenner D, Schneider-Schaulies S, Sauer M, Seibel J, Bodem J. *The Acid Ceramidase Is a SARS-CoV-2 Host Factor.* Cells. 2022 Aug 15;11(16):2532. https://doi.org/10.3390/cells11162532. PMID: 36010608; PMCID: PMC9406565. (Literaturverzeichnis: [99])

Geiger N, König EM, Oberwinkler H, Roll V, Diesendorf V, Fähr S, Obernolte H, Sewald K, Wronski S, Steinke M, Bodem J. *Acetylsalicylic Acid and Salicylic Acid Inhibit SARS-CoV-2 Replication in Precision-Cut Lung Slices.* Vaccines (Basel). 2022 Sep 27;10(10):1619. https://doi.org/10.3390/vaccines10101619. PMID: 36298484. (Literaturverzeichnis: [46])

Geiger N, Diesendorf V, Roll V, König EM, Obernolte H, Sewald K, Breidenbach J, Lemke C, Gütschow M, Müller CE, Bodem J. *Cell Type-Specific Anti-Viral Effects of Novel SARS-CoV-2 Main Protease Inhibitors.* Int J Mol Sci. 2023 Feb 16;24(4):3972. https://doi.org/10.3390/ijms24043972. PMID: 36835380; PMCID: PMC9959602. (Literaturverzeichnis: [48])

Friedrich M, Pfeifer G, Binder S, Aigner A, Vollmer Barbosa P, Makert GR, Fertey J, Ulbert S, Bodem J, König EM, **Geiger N**, Schambach A, Schilling E, Buschmann T, Hauschildt S, Koehl U, Sewald K. *Selection and Validation of siRNAs Preventing Uptake and Replication of SARS-CoV-2.* Front Bioeng Biotechnol. 2022 Mar 2;10:801870. https://doi.org/10.3389/fbioe.2022.801870. PMID: 35309990; PMCID: PMC8925020. (Literaturverzeichnis: [100])

Krasemann S, Haferkamp U, Pfefferle S, Woo MS, Heinrich F, Schweizer M, Appelt-Menzel A, Cubukova A, Barenberg J, Leu J, Hartmann K, Thies E, Littau JL, Sepulveda-Falla D, Zhang L, Ton K, Liang Y, Matschke J, Ricklefs F, Sauvigny T, Sperhake J, Fitzek A, Gerhartl A, Brachner A, **Geiger N**, König EM, Bodem J, Franzenburg S, Franke A, Moese S, Müller FJ, Geisslinger G, Claussen C, Kannt A, Zaliani A, Gribbon P, Ondruschka B, Neuhaus W, Friese MA, Glatzel M, Pless O. *The blood-brain barrier is dysregulated in COVID-19 and serves as a CNS entry route for SARS-CoV-2.* Stem Cell Reports. 2022 Feb 8;17(2):307–320. https://doi.org/10.1016/j.stemcr.2021.12.011. Epub 2022 Jan 20. PMID: 35063125; PMCID: PMC8772030. (Literaturverzeichnis: [22])

N. Geiger, *Charakterisierung des Wirkmechanismus von Selektiven Serotonin-Wiederaufnahme-Inhibitoren (SSRI) bei Infektion mit SARS-CoV-2,* BestMasters, https://doi.org/10.1007/978-3-658-43071-9

Breidenbach J, Lemke C, Pillaiyar T, Schäkel L, Al Hamwi G, Diett M, Gedschold R, **Geiger N**, Lopez V, Mirza S, Namasivayam V, Schiedel AC, Sylvester K, Thimm D, Vielmuth C, Phuong Vu L, Zyulina M, Bodem J, Gütschow M, Müller CE. *Targeting the Main Protease of SARS-CoV-2: From the Establishment of High Throughput Screening to the Design of Tailored Inhibitors.* Angew Chem Int Ed Engl. 2021 Apr 26;60(18):10423–10429. https://doi.org/10.1002/anie.202016961. Epub 2021 Mar 24. PMID: 33655614; PMCID: PMC8014119. (Literaturverzeichnis: [63])

Zimniak M, Kirschner L, Hilpert H, **Geiger N**, Danov O, Oberwinkler H, Steinke M, Sewald K, Seibel J, Bodem J. *The serotonin reuptake inhibitor Fluoxetine inhibits SARS-CoV-2 in human lung tissue.* Sci Rep. 2021 Mar 15;11(1):5890. https://doi.org/10.1038/s41598-021-85049-0. PMID: 33723270; PMCID: PMC7961020 (Literaturverzeichnis: [43])

Diesendorf V*, Roll V*, **Geiger N***, Fähr S, Obernolte H, Sewald K, Bodem J. *Drug-induced phospholipidosis is not correlated to the inhibition of SARS-CoV-2 – Inhibition of SARS-CoV-2 is cell line-specific.* Front. Cell. Infect. Microbiol. 2023 Jul 25; 13. https://doi.org/10.3389/fcimb.2023.1100028. (Literaturverzeichnis: [47])

Brenner D*, **Geiger N***, Schlegel J, Diesendorf V, Kersting L, Fink J, Stelz L, Schneider-Schaulies S, Sauer M, Bodem J, Seibel J. *Azido-Ceramides, a Tool to Analyse SARS-CoV-2 Replication and Inhibition-SARS-CoV-2 Is Inhibited by Ceramides.* Int J Mol Sci. 2023 Apr 14;24(8):7281. https://doi.org/10.3390/ijms24087281. PMID: 37108461; PMCID: PMC10138768. (Literaturverzeichnis: [187])

Sayed AM, Ibrahim AH, Tajuddeen N, Seibel J, Bodem J, **Geiger N**, Striffler K, Bringmann G, Abdelmohsen UR. *Korupensamine A, but not its atropisomer, korupensamine B, inhibits SARS-CoV-2 in vitro by targeting its main protease (M^{pro}).* Eur J Med Chem. 2023 May 5;251:115226. https://doi.org/10.1016/j.ejmech.2023.115226. Epub 2023 Feb 28. PMID: 36893625; PMCID: PMC9972725. (Literaturverzeichnis: [145])

Literaturverzeichnis

[1] E. Dong, H. Du, and L. Gardner, "An interactive web-based dashboard to track COVID-19 in real time," *The Lancet Infectious Diseases,* vol. 20, no. 5, pp. 533–534, 2020/05/01/ 2020, doi: https://doi.org/10.1016/S1473-3099(20)30120-1.

[2] W. K. Jo, E. F. de Oliveira-Filho, A. Rasche, A. D. Greenwood, K. Osterrieder, and J. F. Drexler, "Potential zoonotic sources of SARS-CoV-2 infections," (in eng), *Transbound Emerg Dis,* vol. 68, no. 4, pp. 1824–1834, Jul 2021, doi: https://doi.org/10.1111/tbed.13872.

[3] G. Dagotto, J. Yu, and D. H. Barouch, "Approaches and Challenges in SARS-CoV-2 Vaccine Development," (in eng), *Cell Host Microbe,* vol. 28, no. 3, pp. 364–370, Sep 9 2020, doi: https://doi.org/10.1016/j.chom.2020.08.002.

[4] C. B. Creech, S. C. Walker, and R. J. Samuels, "SARS-CoV-2 Vaccines," (in eng), *Jama,* vol. 325, no. 13, pp. 1318–1320, Apr 6 2021, doi: https://doi.org/10.1001/jama.2021.3199.

[5] H. Chemaitelly *et al.,* "Waning of BNT162b2 Vaccine Protection against SARS-CoV-2 Infection in Qatar," (in eng), *N Engl J Med,* vol. 385, no. 24, p. e83, Dec 9 2021, doi: https://doi.org/10.1056/NEJMoa2114114.

[6] E. G. Levin *et al.,* "Waning Immune Humoral Response to BNT162b2 Covid-19 Vaccine over 6 Months," (in eng), *N Engl J Med,* vol. 385, no. 24, p. e84, Dec 9 2021, doi: https://doi.org/10.1056/NEJMoa2114583.

[7] R. Bartenschlager, „Kurzübersicht des SARS-Coronavirus-2-Vermehrungszyklus.," (in ger), *Biospektrum (Heidelb),* vol. 28, no. 1, pp. 47–49, 2022, doi: https://doi.org/10.1007/s12268-022-1706-9. Kurzübersicht des SARS-Coronavirus-2-Vermehrungszyklus.

[8] F. Wu *et al.,* "A new coronavirus associated with human respiratory disease in China," *Nature,* vol. 579, no. 7798, pp. 265–269, 2020/03/01 2020, doi: https://doi.org/10.1038/s41586-020-2008-3.

[9] P. Zhou *et al.,* "A pneumonia outbreak associated with a new coronavirus of probable bat origin," *Nature,* vol. 579, no. 7798, pp. 270–273, 2020/03/01 2020, doi: https://doi.org/10.1038/s41586-020-2012-7.

[10] A. E. Gorbalenya *et al.,* "The species Severe acute respiratory syndrome-related coronavirus: classifying 2019-nCoV and naming it SARS-CoV-2," *Nature Microbiology,*

vol. 5, no. 4, pp. 536–544, 2020/04/01 2020, doi: https://doi.org/10.1038/s41564-020-0695-z.

[11] A. R. Fehr and S. Perlman, "Coronaviruses: an overview of their replication and pathogenesis," (in eng), *Methods Mol Biol*, vol. 1282, pp. 1–23, 2015, doi: https://doi.org/10.1007/978-1-4939-2438-7_1.

[12] R. L. Graham and R. S. Baric, "Recombination, Reservoirs, and the Modular Spike: Mechanisms of Coronavirus Cross-Species Transmission," *Journal of Virology*, vol. 84, no. 7, pp. 3134–3146, 2010, doi: doi:https://doi.org/10.1128/JVI.01394-09.

[13] G. Lu, Q. Wang, and G. F. Gao, "Bat-to-human: spike features determining ‘host jump’ of coronaviruses SARS-CoV, MERS-CoV, and beyond," *Trends in Microbiology*, vol. 23, no. 8, pp. 468–478, 2015, doi: https://doi.org/10.1016/j.tim.2015.06.003.

[14] H. Hofmann and S. Pöhlmann, "Cellular entry of the SARS coronavirus," *Trends in Microbiology*, vol. 12, no. 10, pp. 466–472, 2004, doi: https://doi.org/10.1016/j.tim.2004.08.008.

[15] F. Liu *et al.*, "SARS-CoV-2 Infects Endothelial Cells In Vivo and In Vitro," (in eng), *Front Cell Infect Microbiol*, vol. 11, p. 701278, 2021, doi: https://doi.org/10.3389/fcimb.701278.

[16] S. Perlman and J. Netland, "Coronaviruses post-SARS: update on replication and pathogenesis," *Nature Reviews Microbiology*, vol. 7, no. 6, pp. 439–450, 2009/06/01 2009, doi: https://doi.org/10.1038/nrmicro2147.

[17] E. Avota, J. Bodem, J. Chithelen, P. Mandasari, N. Beyersdorf, and J. Schneider-Schaulies, "The Manifold Roles of Sphingolipids in Viral Infections," (in eng), *Front Physiol*, vol. 12, p. 715527, 2021, doi: https://doi.org/10.3389/fphys.2021.715527.

[18] J. Koch, Z. M. Uckeley, P. Doldan, M. Stanifer, S. Boulant, and P. Y. Lozach, "TMPRSS2 expression dictates the entry route used by SARS-CoV-2 to infect host cells," (in eng), *Embo j*, vol. 40, no. 16, p. e107821, Aug 16 2021, doi: https://doi.org/10.15252/embj.2021107821.

[19] E. Saccon *et al.*, "Cell-type-resolved quantitative proteomics map of interferon response against SARS-CoV-2," (in eng), *iScience*, vol. 24, no. 5, p. 102420, May 21 2021, doi: https://doi.org/10.1016/j.isci.2021.102420.

[20] W. T. Harvey *et al.*, "SARS-CoV-2 variants, spike mutations and immune escape," (in eng), *Nat Rev Microbiol*, vol. 19, no. 7, pp. 409–424, Jul 2021, doi: https://doi.org/10.1038/s41579-021-00573-0.

[21] K. P. Y. Hui *et al.*, "SARS-CoV-2 Omicron variant replication in human bronchus and lung ex vivo," *Nature*, vol. 603, no. 7902, pp. 715–720, 2022/03/01 2022, doi: https://doi.org/10.1038/s41586-022-04479-6.

[22] S. Krasemann *et al.*, "The blood-brain barrier is dysregulated in COVID-19 and serves as a CNS entry route for SARS-CoV-2," *Stem Cell Reports*, vol. 17, no. 2, pp. 307–320, Feb 8 2022, doi: https://doi.org/10.1016/j.stemcr.2021.12.011.

[23] J. L. Daly *et al.*, "Neuropilin-1 is a host factor for SARS-CoV-2 infection," *Science*, vol. 370, no. 6518, pp. 861–865, 2020, doi: doi:https://doi.org/10.1126/science.abd3072.

[24] L. Cantuti-Castelvetri *et al.*, "Neuropilin-1 facilitates SARS-CoV-2 cell entry and infectivity," *Science*, vol. 370, no. 6518, pp. 856–860, 2020, doi: doi:https://doi.org/10.1126/science.abd2985.

[25] Y. Zhang *et al.*, "New understanding of the damage of SARS-CoV-2 infection outside the respiratory system," (in eng), *Biomed Pharmacother,* vol. 127, p. 110195, Jul 2020, doi: https://doi.org/10.1016/j.biopha.2020.110195.

[26] N. Alenina and M. Bader, "ACE2 in Brain Physiology and Pathophysiology: Evidence from Transgenic Animal Models," (in eng), *Neurochem Res,* vol. 44, no. 6, pp. 1323–1329, Jun 2019, doi: https://doi.org/10.1007/s11064-018-2679-4.

[27] J. Fantini, C. Di Scala, H. Chahinian, and N. Yahi, "Structural and molecular modelling studies reveal a new mechanism of action of chloroquine and hydroxychloroquine against SARS-CoV-2 infection," (in eng), *Int J Antimicrob Agents,* vol. 55, no. 5, p. 105960, May 2020, doi: https://doi.org/10.1016/j.ijantimicag.2020.105960.

[28] K. Roe, "High COVID-19 virus replication rates, the creation of antigen–antibody immune complexes and indirect haemagglutination resulting in thrombosis," *Transboundary and Emerging Diseases,* vol. 67, no. 4, pp. 1418–1421, 2020, doi: https://doi.org/10.1111/tbed.13634.

[29] P. V'Kovski, A. Kratzel, S. Steiner, H. Stalder, and V. Thiel, "Coronavirus biology and replication: implications for SARS-CoV-2," (in eng), *Nat Rev Microbiol,* vol. 19, no. 3, pp. 155–170, Mar 2021, doi: https://doi.org/10.1038/s41579-020-00468-6.

[30] J. R. Flint, Vincent R.; Rall, Gleen F.; Hatziioannou, Theodora; Skalka, Anna Marie, *Principles of Virology Fifth Edition.* Washington: American Society for Microbiology Press, 2020, pp. 526–527.

[31] A. Bonaventura *et al.*, "Endothelial dysfunction and immunothrombosis as key pathogenic mechanisms in COVID-19," (in eng), *Nat Rev Immunol,* vol. 21, no. 5, pp. 319–329, May 2021, doi: https://doi.org/10.1038/s41577-021-00536-9.

[32] Z. Varga *et al.*, "Endothelial cell infection and endotheliitis in COVID-19," (in eng), *Lancet,* vol. 395, no. 10234, pp. 1417–1418, May 2 2020, doi: https://doi.org/10.1016/s0140-6736(20)30937-5.

[33] Y. Zheng *et al.*, "Severe acute respiratory syndrome coronavirus 2 (SARS-CoV-2) membrane (M) protein inhibits type I and III interferon production by targeting RIG-I/MDA-5 signaling," (in eng), *Signal Transduct Target Ther,* vol. 5, no. 1, p. 299, Dec 28 2020, doi: https://doi.org/10.1038/s41392-020-00438-7.

[34] M. Ferreira-Gomes *et al.*, "SARS-CoV-2 in severe COVID-19 induces a TGF-β-dominated chronic immune response that does not target itself," (in eng), *Nat Commun,* vol. 12, no. 1, p. 1961, Mar 30 2021, doi: https://doi.org/10.1038/s41467-021-22210-3.

[35] S. Lopez-Leon *et al.*, "More than 50 long-term effects of COVID-19: a systematic review and meta-analysis," (in eng), *Sci Rep,* vol. 11, no. 1, p. 16144, Aug 9 2021, doi: https://doi.org/10.1038/s41598-021-95565-8.

[36] S. H. Khoo *et al.*, "Optimal dose and safety of molnupiravir in patients with early SARS-CoV-2: a Phase I, open-label, dose-escalating, randomized controlled study," *Journal of Antimicrobial Chemotherapy,* vol. 76, no. 12, pp. 3286–3295, 2021, doi: https://doi.org/10.1093/jac/dkab318.

[37] M. Hoffmann, S. Schroeder, H. Kleine-Weber, M. A. Müller, C. Drosten, and S. Pöhlmann, "Nafamostat Mesylate Blocks Activation of SARS-CoV-2: New Treatment Option for COVID-19," (in eng), *Antimicrob Agents Chemother,* vol. 64, no. 6, May 21 2020, doi: https://doi.org/10.1128/aac.00754-20.

[38] M. E. Ohl *et al.*, "Association of Remdesivir Treatment With Survival and Length of Hospital Stay Among US Veterans Hospitalized With COVID-19," (in eng), *JAMA Netw Open*, vol. 4, no. 7, p. e2114741, Jul 1 2021, doi: https://doi.org/10.1001/jam anetworkopen.2021.14741.

[39] W. Fischer *et al.*, "Molnupiravir, an Oral Antiviral Treatment for COVID-19," (in eng), *medRxiv*, Jun 17 2021, doi: https://doi.org/10.1101/2021.06.17.21258639.

[40] T. P. Sheahan *et al.*, "An orally bioavailable broad-spectrum antiviral inhibits SARS-CoV-2 in human airway epithelial cell cultures and multiple coronaviruses in mice," (in eng), *Sci Transl Med*, vol. 12, no. 541, Apr 29 2020, doi: https://doi.org/10.1126/ scitranslmed.abb5883.

[41] M. Wang *et al.*, "Remdesivir and chloroquine effectively inhibit the recently emerged novel coronavirus (2019-nCoV) in vitro," (in eng), *Cell Res*, vol. 30, no. 3, pp. 269–271, Mar 2020, doi: https://doi.org/10.1038/s41422-020-0282-0.

[42] J. D. Goldman *et al.*, "Remdesivir for 5 or 10 Days in Patients with Severe Covid-19," (in eng), *N Engl J Med*, vol. 383, no. 19, pp. 1827–1837, Nov 5 2020, doi: https://doi. org/10.1056/NEJMoa2015301.

[43] M. Zimniak *et al.*, "The serotonin reuptake inhibitor Fluoxetine inhibits SARS-CoV-2 in human lung tissue," *Sci Rep*, vol. 11, no. 1, p. 5890, Mar 15 2021, doi: https://doi. org/10.1038/s41598-021-85049-0.

[44] T. Oskotsky *et al.*, "Mortality Risk Among Patients With COVID-19 Prescribed Selective Serotonin Reuptake Inhibitor Antidepressants," (in eng), *JAMA Netw Open*, vol. 4, no. 11, p. e2133090, Nov 1 2021, doi: https://doi.org/10.1001/jamanetworkopen. 2021.33090.

[45] M. Hoffmann *et al.*, "Chloroquine does not inhibit infection of human lung cells with SARS-CoV-2," (in eng), *Nature*, vol. 585, no. 7826, pp. 588–590, Sep 2020, doi: https://doi.org/10.1038/s41586-020-2575-3.

[46] N. Geiger *et al.*, "Acetylsalicylic Acid and Salicylic Acid Inhibit SARS-CoV-2 Replication in Precision-Cut Lung Slices," (in eng), *Vaccines (Basel)*, vol. 10, no. 10, Sep 27 2022, doi: https://doi.org/10.3390/vaccines10101619.

[47] V. Diesendorf *et al.*, "Drug-induced phospholipidosis is not correlated to the inhibition of SARS-CoV-2 – Inhibition of SARS-CoV-2 is cell line-specific," *submitted*, 2022.

[48] N. Geiger *et al.*, "New protease inhibitors targeting the SARS-CoV-2 protease – Inhibition of SARS-CoV-2 MPro is cell type-specific," *Manuskript in Vorbereitung*.

[49] S. Schloer *et al.*, "Targeting the endolysosomal host-SARS-CoV-2 interface by clinically licensed functional inhibitors of acid sphingomyelinase (FIASMA) including the antidepressant fluoxetine," (in eng), *Emerg Microbes Infect*, vol. 9, no. 1, pp. 2245–2255, Dec 2020, doi: https://doi.org/10.1080/22221751.2020.1829082.

[50] A. Carpinteiro *et al.*, "Pharmacological Inhibition of Acid Sphingomyelinase Prevents Uptake of SARS-CoV-2 by Epithelial Cells," (in eng), *Cell Rep Med*, vol. 1, no. 8, p. 100142, Nov 17 2020, doi: https://doi.org/10.1016/j.xcrm.2020.100142.

[51] A. Carpinteiro *et al.*, "Inhibition of acid sphingomyelinase by ambroxol prevents SARS-CoV-2 entry into epithelial cells," (in eng), *J Biol Chem*, vol. 296, p. 100701, Jan-Jun 2021, doi: https://doi.org/10.1016/j.jbc.2021.100701.

[52] J. F. Creeden *et al.*, "Fluoxetine as an anti-inflammatory therapy in SARS-CoV-2 infection," (in eng), *Biomed Pharmacother*, vol. 138, p. 111437, Jun 2021, doi: https:// doi.org/10.1016/j.biopha.2021.111437.

[53] N. Hoertel *et al.*, "Association between antidepressant use and reduced risk of intubation or death in hospitalized patients with COVID-19: results from an observational study," (in eng), *Mol Psychiatry,* vol. 26, no. 9, pp. 5199–5212, Sep 2021, doi: https://doi.org/10.1038/s41380-021-01021-4.

[54] J. Kornhuber *et al.*, "Functional Inhibitors of Acid Sphingomyelinase (FIASMAs): a novel pharmacological group of drugs with broad clinical applications," (in eng), *Cell Physiol Biochem,* vol. 26, no. 1, pp. 9–20, 2010, doi: https://doi.org/10.1159/000 315101.

[55] B. Glatthaar-Saalmüller, K. H. Mair, and A. Saalmüller, "Antiviral activity of aspirin against RNA viruses of the respiratory tract-an in vitro study," (in eng), *Influenza Other Respir Viruses,* vol. 11, no. 1, pp. 85–92, Jan 2017, doi: https://doi.org/10.1111/irv.12421.

[56] S. Di Bella *et al.*, "Aspirin and Infection: A Narrative Review," (in eng), *Biomedicines,* vol. 10, no. 2, Jan 25 2022, doi: https://doi.org/10.3390/biomedicines10020263.

[57] Q. Liu *et al.*, "Effect of low-dose aspirin on mortality and viral duration of the hospitalized adults with COVID-19," (in eng), *Medicine (Baltimore),* vol. 100, no. 6, p. e24544, Feb 12 2021, doi: https://doi.org/10.1097/md.0000000000024544.

[58] J. H. Chow *et al.*, "Aspirin Use Is Associated With Decreased Mechanical Ventilation, Intensive Care Unit Admission, and In-Hospital Mortality in Hospitalized Patients With Coronavirus Disease 2019," (in eng), *Anesth Analg,* vol. 132, no. 4, pp. 930–941, Apr 1 2021, doi: https://doi.org/10.1213/ane.0000000000005292.

[59] Y. M. Baez-Santos, S. E. St John, and A. D. Mesecar, "The SARS-coronavirus papain-like protease: structure, function and inhibition by designed antiviral compounds," *Antiviral Res,* vol. 115, pp. 21–38, Mar 2015, doi: https://doi.org/10.1016/j.antiviral.2014.12.015.

[60] S. Ullrich and C. Nitsche, "The SARS-CoV-2 main protease as drug target," (in eng), *Bioorg Med Chem Lett,* vol. 30, no. 17, p. 127377, Sep 1 2020, doi: https://doi.org/10.1016/j.bmcl.2020.127377.

[61] A. Citarella, A. Scala, A. Piperno, and N. Micale, "SARS-CoV-2 M(pro): A Potential Target for Peptidomimetics and Small-Molecule Inhibitors," (in eng), *Biomolecules,* vol. 11, no. 4, Apr 19 2021, doi: https://doi.org/10.3390/biom11040607.

[62] L. Zhang *et al.*, "Crystal structure of SARS-CoV-2 main protease provides a basis for design of improved α-ketoamide inhibitors," (in eng), *Science,* vol. 368, no. 6489, pp. 409–412, Apr 24 2020, doi: https://doi.org/10.1126/science.abb3405.

[63] J. Breidenbach *et al.*, "Targeting the Main Protease of SARS-CoV-2: From the Establishment of High Throughput Screening to the Design of Tailored Inhibitors," *Angew Chem Int Ed Engl,* vol. 60, no. 18, pp. 10423–10429, Apr 26 2021, doi: https://doi.org/10.1002/anie.202016961.

[64] B. N. Williamson *et al.*, "Clinical benefit of remdesivir in rhesus macaques infected with SARS-CoV-2," (in eng), *Nature,* vol. 585, no. 7824, pp. 273–276, Sep 2020, doi: https://doi.org/10.1038/s41586-020-2423-5.

[65] E. Bekerman and S. Einav, "Infectious disease. Combating emerging viral threats," (in eng), *Science,* vol. 348, no. 6232, pp. 282–3, Apr 17 2015, doi: https://doi.org/10.1126/science.aaa3778.

[66] D. K. Li and R. T. Chung, "Overview of Direct-Acting Antiviral Drugs and Drug Resistance of Hepatitis C Virus," (in eng), *Methods Mol Biol,* vol. 1911, pp. 3–32, 2019, doi: https://doi.org/10.1007/978-1-4939-8976-8_1.

[67] N. Kreuzberger *et al.,* "SARS-CoV-2-neutralising monoclonal antibodies for treatment of COVID-19," (in eng), *Cochrane Database Syst Rev,* vol. 9, no. 9, p. Cd013825, Sep 2 2021, doi: https://doi.org/10.1002/14651858.CD013825.pub2.

[68] K. A. Tobler, M; Fraefel, C, *Allgemeine Virologie.* Berm: utb., 2021, p. 347.

[69] E. De Clercq, "Role of tenofovir alafenamide (TAF) in the treatment and prophylaxis of HIV and HBV infections," (in eng), *Biochem Pharmacol,* vol. 153, pp. 2–11, Jul 2018, doi: https://doi.org/10.1016/j.bcp.2017.11.023.

[70] S. C. J. Jorgensen, R. Kebriaei, and L. D. Dresser, "Remdesivir: Review of Pharmacology, Pre-clinical Data, and Emerging Clinical Experience for COVID-19," (in eng), *Pharmacotherapy,* vol. 40, no. 7, pp. 659–671, Jul 2020, doi: https://doi.org/10.1002/phar.2429.

[71] T. K. Warren *et al.,* "Therapeutic efficacy of the small molecule GS-5734 against Ebola virus in rhesus monkeys," *Nature,* vol. 531, no. 7594, pp. 381–385, 2016/03/01 2016, doi: https://doi.org/10.1038/nature17180.

[72] R. A. Heijtink, J. Kruining, G. A. de Wilde, J. Balzarini, E. de Clercq, and S. W. Schalm, "Inhibitory effects of acyclic nucleoside phosphonates on human hepatitis B virus and duck hepatitis B virus infections in tissue culture," (in eng), *Antimicrob Agents Chemother,* vol. 38, no. 9, pp. 2180–2, Sep 1994, doi: https://doi.org/10.1128/aac.38.9.2180.

[73] E. Lefebvre and C. A. Schiffer, "Resilience to resistance of HIV-1 protease inhibitors: profile of darunavir," (in eng), *AIDS Rev,* vol. 10, no. 3, pp. 131–42, Jul-Sep 2008.

[74] P. De Leuw and C. Stephan, "Protease inhibitor therapy for hepatitis C virus-infection," (in eng), *Expert Opin Pharmacother,* vol. 19, no. 6, pp. 577–587, Apr 2018, doi: https://doi.org/10.1080/14656566.2018.1454428.

[75] T. Xiao, Y. Cai, and B. Chen, "HIV-1 Entry and Membrane Fusion Inhibitors," (in eng), *Viruses,* vol. 13, no. 5, Apr 23 2021, doi: https://doi.org/10.3390/v13050735.

[76] M. G. Alves Galvão, M. A. Rocha Crispino Santos, and A. J. Alves da Cunha, "Amantadine and rimantadine for influenza A in children and the elderly," (in eng), *Cochrane Database Syst Rev,* vol. 2014, no. 11, p. Cd002745, Nov 21 2014, doi: https://doi.org/10.1002/14651858.CD002745.pub4.

[77] A. J. Wagstaff, D. Faulds, and K. L. Goa, "Aciclovir. A reappraisal of its antiviral activity, pharmacokinetic properties and therapeutic efficacy," (in eng), *Drugs,* vol. 47, no. 1, pp. 153–205, Jan 1994, doi: https://doi.org/10.2165/00003495-199447010-00009.

[78] H. L. Sham *et al.,* "ABT-378, a highly potent inhibitor of the human immunodeficiency virus protease," (in eng), *Antimicrob Agents Chemother,* vol. 42, no. 12, pp. 3218-24, Dec 1998, doi: https://doi.org/10.1128/aac.42.12.3218.

[79] J. Cocohoba and B. J. Dong, "Raltegravir: the first HIV integrase inhibitor," (in eng), *Clin Ther,* vol. 30, no. 10, pp. 1747-65, Oct 2008, doi: https://doi.org/10.1016/j.clinthera.2008.10.012.

[80] P. Lischka *et al.,* "In vitro and in vivo activities of the novel anticytomegalovirus compound AIC246," (in eng), *Antimicrob Agents Chemother,* vol. 54, no. 3, pp. 1290–7, Mar 2010, doi: https://doi.org/10.1128/aac.01596-09.

[81] T. O. Jefferson, V. Demicheli, C. Di Pietrantonj, M. Jones, and D. Rivetti, "Neura-minidase inhibitors for preventing and treating influenza in healthy adults," (in eng), *Cochrane Database Syst Rev,* no. 3, p. Cd001265, Jul 19 2006, doi: https://doi.org/10.1002/14651858.CD001265.pub2.

[82] U. H. S. Agency. "ECACC General Cell Collection: Vero/hSLAM." https://www.culturecollections.org.uk/products/celllines/generalcell/detail.jsp?refId=04091501&collection=ecacc_gc (accessed 02. November, 2022).

[83] N. C. Ammerman, M. Beier-Sexton, and A. F. Azad, "Growth and maintenance of Vero cell lines," (in eng), *Curr Protoc Microbiol,* vol. Appendix 4, p. Appendix 4E, Nov 2008, doi: https://doi.org/10.1002/9780471729259.mca04es11.

[84] B. Sainz, Jr., V. TenCate, and S. L. Uprichard, "Three-dimensional Huh7 cell culture system for the study of Hepatitis C virus infection," (in eng), *Virol J,* vol. 6, p. 103, Jul 15 2009, doi: https://doi.org/10.1186/1743-422x-6-103.

[85] Y. Zhu, A. Chidekel, and T. H. Shaffer, "Cultured human airway epithelial cells (calu-3): a model of human respiratory function, structure, and inflammatory responses," (in eng), *Crit Care Res Pract,* vol. 2010, 2010, doi: https://doi.org/10.1155/2010/394578.

[86] M. V. Fernandez, K. A. Delviks-Frankenberry, D. A. Scheiblin, C. Happel, V. K. Pathak, and E. O. Freed, "Authentication Analysis of MT-4 Cells Distributed by the National Institutes of Health AIDS Reagent Program," (in eng), *J Virol,* vol. 93, no. 24, Dec 15 2019, doi: https://doi.org/10.1128/jvi.01390-19.

[87] X. Wei *et al.,* "Emergence of resistant human immunodeficiency virus type 1 in patients receiving fusion inhibitor (T-20) monotherapy," (in eng), *Antimicrob Agents Chemother,* vol. 46, no. 6, pp. 1896–905, Jun 2002, doi: https://doi.org/10.1128/aac.46.6.1896-1905.2002.

[88] G. Gstraunthaler, *Nierenepithelzellen* (Zell- und Gewebekultur – Allgemeine Grundlagen und spezielle Anwendungen). Heidelberg: Springer Spektrum, 2013.

[89] G. J. Todaro and H. Green "QUANTITATIVE STUDIES OF THE GROWTH OF MOUSE EMBRYO CELLS IN CULTURE AND THEIR DEVELOPMENT INTO ESTABLISHED LINES," *Journal of Cell Biology,* vol. 17, no. 2, pp. 299–313, 1963, doi: https://doi.org/10.1083/jcb.17.2.299.

[90] M. Ujie *et al.,* "Long-term culture of human lung adenocarcinoma A549 cells enhances the replication of human influenza A viruses," (in eng), *J Gen Virol,* vol. 100, no. 10, pp. 1345–1349, Oct 2019, doi: https://doi.org/10.1099/jgv.0.001314.

[91] F. L. Graham, J. Smiley, W. C. Russell, and R. Nairn, "Characteristics of a Human Cell Line Transformed by DNA from Human Adenovirus Type 5," *Journal of General Virology,* vol. 36, no. 1, pp. 59–72, 1977, doi: https://doi.org/10.1099/0022-1317-36-1-59.

[92] Y. Gluzman, "SV40-transformed simian cells support the replication of early SV40 mutants," (in eng), *Cell,* vol. 23, no. 1, pp. 175–82, Jan 1981, doi: https://doi.org/10.1016/0092-8674(81)90282-8.

[93] E. B. Preuß *et al.,* "The Challenge of Long-Term Cultivation of Human Precision-Cut Lung Slices," (in eng), *Am J Pathol,* vol. 192, no. 2, pp. 239–253, Feb 2022, doi: https://doi.org/10.1016/j.ajpath.2021.10.020.

[94] A. Appelt-Menzel *et al.,* "Establishment of a Human Blood-Brain Barrier Co-culture Model Mimicking the Neurovascular Unit Using Induced Pluri- and Multipotent Stem

Cells," (in eng), *Stem Cell Reports,* vol. 8, no. 4, pp. 894–906, Apr 11 2017, doi: https://doi.org/10.1016/j.stemcr.2017.02.021.

[95] A. Adachi *et al.*, "Production of acquired immunodeficiency syndrome-associated retrovirus in human and nonhuman cells transfected with an infectious molecular clone," (in eng), *J Virol,* vol. 59, no. 2, pp. 284–91, Aug 1986, doi: https://doi.org/10.1128/jvi.59.2.284-291.1986.

[96] M. Theiler and H. H. Smith, "THE USE OF YELLOW FEVER VIRUS MODIFIED BY IN VITRO CULTIVATION FOR HUMAN IMMUNIZATION," (in eng), *J Exp Med,* vol. 65, no. 6, pp. 787–800, May 31 1937, doi: https://doi.org/10.1084/jem.65.6.787.

[97] K. Krishnamurthy, S. Dasgupta, and E. Bieberich, "Development and characterization of a novel anti-ceramide antibody," (in eng), *J Lipid Res,* vol. 48, no. 4, pp. 968–75, Apr 2007, doi: https://doi.org/10.1194/jlr.D600043-JLR200.

[98] E. Rensen *et al.*, "Sensitive visualization of SARS-CoV-2 RNA with CoronaFISH," (in eng), *Life Sci Alliance,* vol. 5, no. 4, Apr 2022, doi: https://doi.org/10.26508/lsa.202101124.

[99] N. Geiger *et al.*, "The Acid Ceramidase Is a SARS-CoV-2 Host Factor," *Cells,* vol. 11, no. 16, Aug 15 2022, doi: https://doi.org/10.3390/cells11162532.

[100] M. Friedrich *et al.*, "Selection and Validation of siRNAs Preventing Uptake and Replication of SARS-CoV-2," *Front Bioeng Biotechnol,* vol. 10, p. 801870, 2022, doi: https://doi.org/10.3389/fbioe.2022.801870.

[101] V. G. Puelles *et al.*, "Multiorgan and Renal Tropism of SARS-CoV-2," (in eng), *N Engl J Med,* vol. 383, no. 6, pp. 590–592, Aug 6 2020, doi: https://doi.org/10.1056/NEJMc2011400.

[102] L. Mao *et al.*, "Neurologic Manifestations of Hospitalized Patients With Coronavirus Disease 2019 in Wuhan, China," (in eng), *JAMA Neurol,* vol. 77, no. 6, pp. 683–690, Jun 1 2020, doi: https://doi.org/10.1001/jamaneurol.2020.1127.

[103] M. S. Woo *et al.*, "Frequent neurocognitive deficits after recovery from mild COVID-19," (in eng), *Brain Commun,* vol. 2, no. 2, p. fcaa205, 2020, doi: https://doi.org/10.1093/braincomms/fcaa205.

[104] M. A. Ellul *et al.*, "Neurological associations of COVID-19," (in eng), *Lancet Neurol,* vol. 19, no. 9, pp. 767–783, Sep 2020, doi: https://doi.org/10.1016/s1474-4422(20)30221-0.

[105] L. Bao *et al.*, "The pathogenicity of SARS-CoV-2 in hACE2 transgenic mice," (in eng), *Nature,* vol. 583, no. 7818, pp. 830–833, Jul 2020, doi: https://doi.org/10.1038/s41586-020-2312-y.

[106] K. H. Dinnon, 3rd *et al.*, "A mouse-adapted model of SARS-CoV-2 to test COVID-19 countermeasures," (in eng), *Nature,* vol. 586, no. 7830, pp. 560–566, Oct 2020, doi: https://doi.org/10.1038/s41586-020-2708-8.

[107] M. Hoffmann *et al.*, "SARS-CoV-2 Cell Entry Depends on ACE2 and TMPRSS2 and Is Blocked by a Clinically Proven Protease Inhibitor," (in eng), *Cell,* vol. 181, no. 2, pp. 271–280.e8, Apr 16 2020, doi: https://doi.org/10.1016/j.cell.2020.02.052.

[108] J. L. Daly *et al.*, "Neuropilin-1 is a host factor for SARS-CoV-2 infection," (in eng), *Science,* vol. 370, no. 6518, pp. 861–865, Nov 13 2020, doi: https://doi.org/10.1126/science.abd3072.

[109] B. Brügger, B. Glass, P. Haberkant, I. Leibrecht, F. T. Wieland, and H. G. Kräusslich, "The HIV lipidome: a raft with an unusual composition," (in eng), *Proc Natl Acad Sci U S A,* vol. 103, no. 8, pp. 2641–6, Feb 21 2006, doi: https://doi.org/10.1073/pnas.051 1136103.

[110] J. Zhang, A. Pekosz, and R. A. Lamb, "Influenza virus assembly and lipid raft microdomains: a role for the cytoplasmic tails of the spike glycoproteins," (in eng), *J Virol,* vol. 74, no. 10, pp. 4634–44, May 2000, doi: https://doi.org/10.1128/jvi.74.10.4634-4644.2000.

[111] P. Scheiffele, A. Rietveld, T. Wilk, and K. Simons, "Influenza viruses select ordered lipid domains during budding from the plasma membrane," (in eng), *J Biol Chem,* vol. 274, no. 4, pp. 2038–44, Jan 22 1999, doi: https://doi.org/10.1074/jbc.274.4.2038.

[112] D. P. Nayak, R. A. Balogun, H. Yamada, Z. H. Zhou, and S. Barman, "Influenza virus morphogenesis and budding," (in eng), *Virus Res,* vol. 143, no. 2, pp. 147–61, Aug 2009, doi: https://doi.org/10.1016/j.virusres.2009.05.010.

[113] Z. Zhang *et al.,* "Structure of SARS-CoV-2 membrane protein essential for virus assembly," *Nature Communications,* vol. 13, no. 1, p. 4399, 2022/08/05 2022, doi: https://doi.org/10.1038/s41467-022-32019-3.

[114] T. Hase, P. L. Summers, K. H. Eckels, and W. B. Baze, "An electron and immunoelectron microscopic study of dengue-2 virus infection of cultured mosquito cells: maturation events," (in eng), *Arch Virol,* vol. 92, no. 3–4, pp. 273–91, 1987, doi: https://doi.org/10.1007/bf01317484.

[115] G. G. Maul and D. Negorev, "Differences between mouse and human cytomegalovirus interactions with their respective hosts at immediate early times of the replication cycle," (in eng), *Med Microbiol Immunol,* vol. 197, no. 2, pp. 241–9, Jun 2008, doi: https://doi.org/10.1007/s00430-008-0078-1.

[116] A. Luchini *et al.,* "Lipid bilayer degradation induced by SARS-CoV-2 spike protein as revealed by neutron reflectometry," *Scientific Reports,* vol. 11, no. 1, p. 14867, 2021/07/21 2021, doi: https://doi.org/10.1038/s41598-021-93996-x.

[117] P. T. Ivanova, D. S. Myers, S. B. Milne, J. L. McClaren, P. G. Thomas, and H. A. Brown, "Lipid composition of viral envelope of three strains of influenza virus – not all viruses are created equal," (in eng), *ACS Infect Dis,* vol. 1, no. 9, pp. 399–452, Sep 11 2015, doi: https://doi.org/10.1021/acsinfecdis.5b00040.

[118] V. A. Villareal, M. A. Rodgers, D. A. Costello, and P. L. Yang, "Targeting host lipid synthesis and metabolism to inhibit dengue and hepatitis C viruses," (in eng), *Antiviral Res,* vol. 124, pp. 110–21, Dec 2015, doi: https://doi.org/10.1016/j.antiviral.2015.10.013.

[119] A.-T. GmbH. "DOPE." https://www.atto-tec.com/DOPE.html?language=de (accessed 01.11., 2022).

[120] Paul-Ehrlich-Institut. "COVID-19 Impfstoffe." https://www.pei.de/DE/arzneimittel/impfstoffe/covid-19/covid-19-node.html (accessed 02. Oktober, 2022).

[121] A. Aleem, A. B. Akbar Samad, and A. K. Slenker, "Emerging Variants of SARS-CoV-2 And Novel Therapeutics Against Coronavirus (COVID-19)," in *StatPearls.* Treasure Island (FL): StatPearls Publishing Copyright © 2022, StatPearls Publishing LLC., 2022.

[122] V. V. Rostovtsev, L. G. Green, V. V. Fokin, and K. B. Sharpless, "A stepwise huisgen cycloaddition process: copper(I)-catalyzed regioselective "ligation" of azides and terminal alkynes," (in eng), *Angew Chem Int Ed Engl*, vol. 41, no. 14, pp. 2596–9, Jul 15 2002, doi: https://doi.org/10.1002/1521-3773(20020715)41:14<2596::Aid-anie25 96>3.0.Co;2-4.

[123] T. Walter, J. Schlegel, A. Burgert, A. Kurz, J. Seibel, and M. Sauer, "Incorporation studies of clickable ceramides in Jurkat cell plasma membranes," *Chem Commun (Camb)*, vol. 53, no. 51, pp. 6836–6839, Jun 22 2017, doi: https://doi.org/10.1039/c7cc01220a.

[124] W. A. Daniel and J. Wójcikowski, "The role of lysosomes in the cellular distribution of thioridazine and potential drug interactions," (in eng), *Toxicol Appl Pharmacol*, vol. 158, no. 2, pp. 115–24, Jul 15 1999, doi: https://doi.org/10.1006/taap.1999.8688.

[125] S. Ghosh *et al.*, "β-Coronaviruses Use Lysosomes for Egress Instead of the Biosynthetic Secretory Pathway," (in eng), *Cell*, vol. 183, no. 6, pp. 1520–1535.e14, Dec 10 2020, doi: https://doi.org/10.1016/j.cell.2020.10.039.

[126] M. Futai, G. H. Sun-Wada, Y. Wada, N. Matsumoto, and M. Nakanishi-Matsui, "Vacuolar-type ATPase: A proton pump to lysosomal trafficking," (in eng), *Proc Jpn Acad Ser B Phys Biol Sci*, vol. 95, no. 6, pp. 261–277, 2019, doi: https://doi.org/10.2183/pjab.95.018.

[127] W. Lu *et al.*, "Severe acute respiratory syndrome-associated coronavirus 3a protein forms an ion channel and modulates virus release," (in eng), *Proc Natl Acad Sci U S A*, vol. 103, no. 33, pp. 12540–5, Aug 15 2006, doi: https://doi.org/10.1073/pnas.060 5402103.

[128] Y. G. Zhao and H. Zhang, "Autophagosome maturation: An epic journey from the ER to lysosomes," (in eng), *J Cell Biol*, vol. 218, no. 3, pp. 757–770, Mar 4 2019, doi: https://doi.org/10.1083/jcb.201810099.

[129] J. M. Draper, Z. Xia, R. A. Smith, Y. Zhuang, W. Wang, and C. D. Smith, "Discovery and evaluation of inhibitors of human ceramidase," (in eng), *Mol Cancer Ther*, vol. 10, no. 11, pp. 2052–61, Nov 2011, doi: https://doi.org/10.1158/1535-7163.Mct-11-0365.

[130] P. Maisonnasse *et al.*, "Hydroxychloroquine use against SARS-CoV-2 infection in non-human primates," (in eng), *Nature*, vol. 585, no. 7826, pp. 584–587, Sep 2020, doi: https://doi.org/10.1038/s41586-020-2558-4.

[131] R. Banerjee, L. Perera, and L. M. V. Tillekeratne, "Potential SARS-CoV-2 main protease inhibitors," (in eng), *Drug Discov Today*, vol. 26, no. 3, pp. 804–816, Mar 2021, doi: https://doi.org/10.1016/j.drudis.2020.12.005.

[132] A. K. Ghosh *et al.*, "Structure-based design, synthesis, and biological evaluation of peptidomimetic SARS-CoV 3CLpro inhibitors," (in eng), *Bioorg Med Chem Lett*, vol. 17, no. 21, pp. 5876–80, Nov 1 2007, doi: https://doi.org/10.1016/j.bmcl.2007.08.031.

[133] P. Cígler *et al.*, "From nonpeptide toward noncarbon protease inhibitors: metallacarboranes as specific and potent inhibitors of HIV protease," (in eng), *Proc Natl Acad Sci U S A*, vol. 102, no. 43, pp. 15394–9, Oct 25 2005, doi: https://doi.org/10.1073/pnas.0507577102.

[134] N. C. f. B. Information. "PubChem Compound Summary for CID 392421, Korupensamine A." https://pubchem.ncbi.nlm.nih.gov/compound/Korupensamine-A (accessed 02. November, 2022).

[135] G. Bringmann and F. Pokorny, "The naphthylisoquinoline alkaloids," *Cemistry and Pharmacology,* pp. 127–271, 1995.

[136] S. R. Ibrahim and G. A. Mohamed, "Naphthylisoquinoline alkaloids potential drug leads," *Fitoterapia,* vol. 106, pp. 194–225, Oct 2015, doi: https://doi.org/10.1016/j.fit ote.2015.09.014.

[137] G. Francois *et al.,* "Naphthylisoquinoline alkaloids exhibit strong growth-inhibiting activities against Plasmodium falciparum and P. berghei in vitro--structure-activity relationships of dioncophylline C," *Ann Trop Med Parasitol,* vol. 90, no. 2, pp. 115–23, Apr 1996, doi: https://doi.org/10.1080/00034983.1996.11813035.

[138] S. Nwaka, B. Ramirez, R. Brun, L. Maes, F. Douglas, and R. Ridley, "Advancing drug innovation for neglected diseases-criteria for lead progression," *PLoS Negl Trop Dis,* vol. 3, no. 8, p. e440, Aug 25 2009, doi: https://doi.org/10.1371/journal.pntd.0000440.

[139] G. Bringmann, et al., "Ancistrobertsonines B, C, and D as well as 1, 2-didehydroancistrobertsonine D from Ancistrocladus robertsoniorum," *Phytochemistry,* vol. 52, no. 2, pp. 321–332, 1999.

[140] G. Bringmann *et al.,* "ent-Dioncophylleine A and related dehydrogenated naphthyli-soquinoline alkaloids, the first Asian dioncophyllaceae-type alkaloids, from the "ne-w"plant species Ancistrocladus benomensis," *J Nat Prod,* vol. 68, no. 5, pp. 686–90, May 2005, doi: https://doi.org/10.1021/np049626j.

[141] A. Ponte-Sucre *et al.,* "Activities of naphthylisoquinoline alkaloids and synthetic analogs against Leishmania major," *Antimicrob Agents Chemother,* vol. 51, no. 1, pp. 188–94, Jan 2007, doi: https://doi.org/10.1128/AAC.00936-06.

[142] C. Jiang *et al.,* "Five novel naphthylisoquinoline alkaloids with growth inhibitory acti-vities against human leukemia cells HL-60, K562 and U937 from stems and leaves of Ancistrocladus tectorius," *Fitoterapia,* vol. 91, pp. 305–312, Dec 2013, doi: https://doi.org/10.1016/j.fitote.2013.09.010.

[143] Y. F. Hallock *et al.,* "Michellamines D-F, new HIV-inhibitory dimeric naphthylisoqui-noline alkaloids, and korupensamine E, a new antimalarial monomer, from Ancistroc-ladus korupensis," *J Nat Prod,* vol. 60, no. 7, pp. 677–83, Jul 1997, doi: https://doi.org/10.1021/np9700679.

[144] J. B. McMahon *et al.,* "Michellamine B, a novel plant alkaloid, inhibits human immu-nodeficiency virus-induced cell killing by at least two distinct mechanisms," *Antimi-crob Agents Chemother,* vol. 39, no. 2, pp. 484–8, Feb 1995, doi: https://doi.org/10.1128/AAC.39.2.484.

[145] A. Sayed *et al.,* "Korupensamine A inhibits SARS-CoV-2 in vitro via targeting its MPro-comprehensive in silico approach to discern active form inactive atropisomers," *Manuskript in Vorbereitung.*

[146] S. Collie, J. Nayager, L. Bamford, L.-G. Bekker, M. Zylstra, and G. Gray, "Effectiven-ess and Durability of the BNT162b2 Vaccine against Omicron Sublineages in South Africa," *New England Journal of Medicine,* vol. 387, no. 14, pp. 1332–1333, 2022, doi: https://doi.org/10.1056/NEJMc2210093.

[147] L. E. Davis *et al.,* "Early viral brain invasion in iatrogenic human immunodeficiency virus infection," (in eng), *Neurology,* vol. 42, no. 9, pp. 1736–9, Sep 1992, doi: https://doi.org/10.1212/wnl.42.9.1736.

[148] E. Norrby and K. Kristensson, "Measles virus in the brain," (in eng), *Brain Res Bull,* vol. 44, no. 3, pp. 213–20, 1997, doi: https://doi.org/10.1016/s0361-9230(97)00139-1.

[149] W. Schreiber-Stainthorp *et al.*, "Longitudinal in vivo imaging of acute neuropathology in a monkey model of Ebola virus infection," *Nature Communications,* vol. 12, no. 1, p. 2855, 2021/05/17 2021, doi: https://doi.org/10.1038/s41467-021-23088-x.

[150] H. D. Watson, G. H. Tignor, and A. L. Smith, "Entry of rabies virus into the peripheral nerves of mice," (in eng), *J Gen Virol,* vol. 56, no. Pt 2, pp. 372–82, Oct 1981, doi: https://doi.org/10.1099/0022-1317-56-2-371.

[151] H. Tsiang, E. Lycke, P. E. Ceccaldi, A. Ermine, and X. Hirardot, "The anterograde transport of rabies virus in rat sensory dorsal root ganglia neurons," (in eng), *J Gen Virol,* vol. 70 (Pt 8), pp. 2075–85, Aug 1989, doi: https://doi.org/10.1099/0022-1317-70-8-2075.

[152] R. E. Allavena, B. Desai, D. Goodwin, T. Khodai, and H. Bright, "Pathologic and Virologic Characterization of Neuroinvasion by HSV-2 in a Mouse Encephalitis Model," *Journal of Neuropathology & Experimental Neurology,* vol. 70, no. 8, pp. 724–734, 2011, doi: https://doi.org/10.1097/NEN.0b013e3182275264.

[153] G. D. de Melo *et al.*, "COVID-19-related anosmia is associated with viral persistence and inflammation in human olfactory epithelium and brain infection in hamsters," (in eng), *Sci Transl Med,* vol. 13, no. 596, Jun 2 2021, doi: https://doi.org/10.1126/scitranslmed.abf8396.

[154] E. Song *et al.*, "Neuroinvasion of SARS-CoV-2 in human and mouse brain," (in eng), *J Exp Med,* vol. 218, no. 3, Mar 1 2021, doi: https://doi.org/10.1084/jem.20202135.

[155] J. Matschke *et al.*, "Neuropathology of patients with COVID-19 in Germany: a postmortem case series," (in eng), *Lancet Neurol,* vol. 19, no. 11, pp. 919–929, Nov 2020, doi: https://doi.org/10.1016/s1474-4422(20)30308-2.

[156] E. M. Rhea *et al.*, "The S1 protein of SARS-CoV-2 crosses the blood-brain barrier in mice," (in eng), *Nat Neurosci,* vol. 24, no. 3, pp. 368–378, Mar 2021, doi: https://doi.org/10.1038/s41593-020-00771-8.

[157] E. S. Lippmann *et al.*, "Derivation of blood-brain barrier endothelial cells from human pluripotent stem cells," *Nature Biotechnology,* vol. 30, no. 8, pp. 783–791, 2012/08/01 2012, doi: https://doi.org/10.1038/nbt.2247.

[158] E. S. Lippmann, A. Al-Ahmad, S. M. Azarin, S. P. Palecek, and E. V. Shusta, "A retinoic acid-enhanced, multicellular human blood-brain barrier model derived from stem cell sources," *Scientific Reports,* vol. 4, no. 1, p. 4160, 2014/02/24 2014, doi: https://doi.org/10.1038/srep04160.

[159] F. Hikmet, L. Méar, Å. Edvinsson, P. Micke, M. Uhlén, and C. Lindskog, "The protein expression profile of ACE2 in human tissues," *Molecular Systems Biology,* vol. 16, no. 7, p. e9610, 2020, doi: https://doi.org/10.15252/msb.20209610.

[160] W. J. Guan *et al.*, "Clinical Characteristics of Coronavirus Disease 2019 in China," (in eng), *N Engl J Med,* vol. 382, no. 18, pp. 1708–1720, Apr 30 2020, doi: https://doi.org/10.1056/NEJMoa2002032.

[161] Y. Cheng *et al.*, "Kidney disease is associated with in-hospital death of patients with COVID-19," (in eng), *Kidney Int,* vol. 97, no. 5, pp. 829–838, May 2020, doi: https://doi.org/10.1016/j.kint.2020.03.005.

[162] K. Wang *et al.*, "CD147-spike protein is a novel route for SARS-CoV-2 infection to host cells," (in eng), *Signal Transduct Target Ther,* vol. 5, no. 1, p. 283, Dec 4 2020, doi: https://doi.org/10.1038/s41392-020-00426-x.

[163] C. Huang *et al.*, "Clinical features of patients infected with 2019 novel coronavirus in Wuhan, China," (in eng), *Lancet,* vol. 395, no. 10223, pp. 497–506, Feb 15 2020, doi: https://doi.org/10.1016/s0140-6736(20)30183-5.

[164] Y. Y. Zheng, Y. T. Ma, J. Y. Zhang, and X. Xie, "COVID-19 and the cardiovascular system," (in eng), *Nat Rev Cardiol,* vol. 17, no. 5, pp. 259–260, May 2020, doi: https://doi.org/10.1038/s41569-020-0360-5.

[165] M. Chen *et al.*, "Elevated ACE-2 expression in the olfactory neuroepithelium: implications for anosmia and upper respiratory SARS-CoV-2 entry and replication," (in eng), *Eur Respir J,* vol. 56, no. 3, Sep 2020, doi: https://doi.org/10.1183/13993003.01948-2020.

[166] C. H. Lin *et al.*, "A role for the PI-3 kinase signaling pathway in fear conditioning and synaptic plasticity in the amygdala," (in eng), *Neuron,* vol. 31, no. 5, pp. 841–51, Sep 13 2001, doi: https://doi.org/10.1016/s0896-6273(01)00433-0.

[167] H. Zhou, S. A. Summers, M. J. Birnbaum, and R. N. Pittman, "Inhibition of Akt kinase by cell-permeable ceramide and its implications for ceramide-induced apoptosis," (in eng), *J Biol Chem,* vol. 273, no. 26, pp. 16568–75, Jun 26 1998, doi: https://doi.org/10.1074/jbc.273.26.16568.

[168] K. M. Schubert, M. P. Scheid, and V. Duronio, "Ceramide Inhibits Protein Kinase B/Akt by Promoting Dephosphorylation of Serine 473*," *Journal of Biological Chemistry,* vol. 275, no. 18, pp. 13330–13335, 2000/05/05/ 2000, doi: https://doi.org/10.1074/jbc.275.18.13330.

[169] J. Bohlen, M. Roiuk, and A. A. Teleman, "Phosphorylation of ribosomal protein S6 differentially affects mRNA translation based on ORF length," (in eng), *Nucleic Acids Res,* vol. 49, no. 22, pp. 13062–13074, Dec 16 2021, doi: https://doi.org/10.1093/nar/gkab1157.

[170] J. Patocka *et al.*, "Rapamycin: Drug Repurposing in SARS-CoV-2 Infection," (in eng), *Pharmaceuticals (Basel),* vol. 14, no. 3, Mar 5 2021, doi: https://doi.org/10.3390/ph14030217.

[171] G. Tatar, E. Ozyurt, and K. Turhan, "Computational drug repurposing study of the RNA binding domain of SARS-CoV-2 nucleocapsid protein with antiviral agents," (in eng), *Biotechnol Prog,* vol. 37, no. 2, p. e3110, Mar 2021, doi: https://doi.org/10.1002/btpr.3110.

[172] Y. Zheng, R. Li, and S. Liu, "Immunoregulation with mTOR inhibitors to prevent COVID-19 severity: A novel intervention strategy beyond vaccines and specific antiviral medicines," (in eng), *J Med Virol,* vol. 92, no. 9, pp. 1495–1500, Sep 2020, doi: https://doi.org/10.1002/jmv.26009.

[173] J. Kindrachuk *et al.*, "Antiviral potential of ERK/MAPK and PI3K/AKT/mTOR signaling modulation for Middle East respiratory syndrome coronavirus infection as identified by temporal kinome analysis," (in eng), *Antimicrob Agents Chemother,* vol. 59, no. 2, pp. 1088–99, Feb 2015, doi: https://doi.org/10.1128/aac.03659-14.

[174] A. Rosen, "SARS-CoV-2 lysosomal egress pathway," *Undergraduate Journal of Experimental Microbiology and Immunology (UJEMI Perspectives),* vol. 5, 2021.

[175] E. Ratto *et al.*, "Direct control of lysosomal catabolic activity by mTORC1 through regulation of V-ATPase assembly," (in eng), *Nat Commun,* vol. 13, no. 1, p. 4848, Aug 17 2022, doi: https://doi.org/10.1038/s41467-022-32515-6.

[176] J. Zhou *et al.*, "Activation of lysosomal function in the course of autophagy via mTORC1 suppression and autophagosome-lysosome fusion," (in eng), *Cell Res,* vol. 23, no. 4, pp. 508–23, Apr 2013, doi: https://doi.org/10.1038/cr.2013.11.

[177] Y. Hu *et al.*, "Lysosomal pH Plays a Key Role in Regulation of mTOR Activity in Osteoclasts," (in eng), *J Cell Biochem,* vol. 117, no. 2, pp. 413–25, Feb 2016, doi: https://doi.org/10.1002/jcb.25287.

[178] X. Sun *et al.*, "SARS-CoV-2 non-structural protein 6 triggers NLRP3-dependent pyroptosis by targeting ATP6AP1," *Cell Death & Differentiation,* vol. 29, no. 6, pp. 1240–1254, 2022/06/01 2022, doi: https://doi.org/10.1038/s41418-021-00916-7.

[179] J. R. Vane, "Antiinflammatory drugs and the many mediators of inflammation," (in eng), *Int J Tissue React,* vol. 9, no. 1, pp. 1–14, 1987.

[180] E. Kopp and S. Ghosh, "Inhibition of NF-kappa B by sodium salicylate and aspirin," (in eng), *Science,* vol. 265, no. 5174, pp. 956–9, Aug 12 1994, doi: https://doi.org/10.1126/science.8052854.

[181] Y. Zhang *et al.*, "A Discovery of Clinically Approved Formula FBRP for Repositioning to Treat HCC by Inhibiting PI3K/AKT/NF-κB Activation," (in eng), *Mol Ther Nucleic Acids,* vol. 19, pp. 890–904, Mar 6 2020, doi: https://doi.org/10.1016/j.omtn.2019.12.023.

[182] N. Kumar, Z. T. Xin, Y. Liang, H. Ly, and Y. Liang, "NF-kappaB signaling differentially regulates influenza virus RNA synthesis," (in eng), *J Virol,* vol. 82, no. 20, pp. 9880–9, Oct 2008, doi: https://doi.org/10.1128/jvi.00909-08.

[183] G. Jancso *et al.*, "Effect of acetylsalicylic acid on nuclear factor-kappaB activation and on late preconditioning against infarction in the myocardium," (in eng), *J Cardiovasc Pharmacol,* vol. 46, no. 3, pp. 295–301, 2005/09// 2005, doi: https://doi.org/10.1097/01.fjc.0000175240.64444.68.

[184] I. Mazur *et al.*, "Acetylsalicylic acid (ASA) blocks influenza virus propagation via its NF-kappaB-inhibiting activity," (in eng), *Cell Microbiol,* vol. 9, no. 7, pp. 1683–94, Jul 2007, doi: https://doi.org/10.1111/j.1462-5822.2007.00902.x.

[185] B. E. Nilsson-Payant *et al.*, "The NF-κB Transcriptional Footprint Is Essential for SARS-CoV-2 Replication," (in eng), *J Virol,* vol. 95, no. 23, p. e0125721, Nov 9 2021, doi: https://doi.org/10.1128/jvi.01257-21.

[186] P. Voigt, C. Brock, B. Nürnberg, and M. Schaefer, "Assigning functional domains within the p101 regulatory subunit of phosphoinositide 3-kinase gamma," (in eng), *J Biol Chem,* vol. 280, no. 6, pp. 5121–7, Feb 11 2005, doi: https://doi.org/10.1074/jbc.M413104200.

[187] D. Brenner *et al.*, "Lysosomal C6-ceramide accumulation influences subcellular SARS-CoV-2 distribution," *submitted,* 2022.

Printed in the United States
by Baker & Taylor Publisher Services